蔬食料理實驗室

飛田和緒

瑞昇文化

前言

13年前，我搬離了熟悉的東京，移居到差不多要進入三浦半島，能遙望相模灣的臨海小鎮。由於很靠近海邊，所以當時心想應該能買到新鮮魚貨。搬過去之後開始四處散步，發現能買的可不只魚貨。我還發現了好幾間直銷所*，售有農家們用心栽種的蔬菜。

直銷所中排列著充滿亮澤的當季蔬菜。直接擺在籃子裡，未經包裝的蔬菜就像寶物般，散發出光芒。除了有無人直銷所外，也有農家輪班顧店的直銷所，讓我有機會能問這問那，學到在地吃法、農家才知道的料理法。若話閘子一打開，甚至還會告訴我，要去哪裡才能買到和蔬菜相搭的肉或魚，讓我能透過直銷所，更加認識有關在地的事物。

直銷所不同於超市，只擺售在地商品，因此有時無法買齊所有想買的東西。多去幾間直銷所後還會發現，農家們也有自己特別會種的東西。有些農家會種較特別的西洋蔬菜，甚至會出現完全不曾吃過的蔬菜。在經過了幾次的季節交替後，我也從中

*產地直銷模式下的販售點。

了解毛豆要去那間買，小黃瓜要在這間買，找出了自己的購買模式。

這也讓我重新感受到新鮮蔬菜的水嫩感。下刀時的多汁表現，或是整個擴散開來的香氣。汆燙或烹煮的時間無須太長，才能更強烈感受到蔬菜的產季變化。氣候不如預期時，種出來的蔬菜也會受影響，或導致收成延後。好天氣持續時，則會種出收成速度趕不上生長速度，尺寸大到令人吃驚的蔬菜。季節交替之際的蔬菜量會大幅銳減。剛進入產季與產季即將邁入尾聲的蔬菜味道也不盡相同，連我都必須仔細地挑選蔬菜。

只要蔬菜的味道夠好，無論怎麼烹調都相當美味。看來，家庭的料理味道可是與蔬菜好壞習習相關。

話說，此書的攝影時間長達3年。從每個月召集一次工作人員，大夥兒一起外出買菜，購回3～4種常見的蔬菜或沒看過的蔬菜。不事先決定料理菜單，而是在購買過程中，不斷地想像要做成怎樣的菜餚。返家後，看著蔬菜，決定要如何烹調食材後，才會開始料理。我希望各位都能知道，書中介紹的料理幾乎都是即興完成。因此，內容中出現的蔬菜月份，其實和三浦蔬菜的產季一致。

我盡可能地只用蔬菜做出一道料理，若要搭配肉類或魚類時，則會使用冰箱冷藏有的食材，或是罐頭等容易取得的材料。因此料理中經常出現附近

漁港捕撈的花枝或小沙丁魚乾。集結成冊後，就能從中察覺出我家的飲食生活模式。

工作人員會開出想吃的菜單，也會跟我說他們在電視上看到的料理，或是在溫泉旅館吃到很好吃的飯。我從每段對話中，以我的方式嘗試重現出大家想吃的菜餚。也因為這樣，有時做出來的料理會令人不盡滿意。但我並未因此結束嘗試，而是不斷挑戰，最終獲得「好吃」的答覆。得知自己購買的白蘿蔔品種葉片較硬時，重新比較後發現，唉呀，是真的呢。原來，不同種類的白蘿蔔在葉子的樣貌上，也會有微妙的差異。就算是已經很熟悉的白蘿蔔，也能透過每次的料理，學習到新事物。每當拍攝時，廚房總能聽到「不對……應該要那樣，不對……應該要這樣」的討論聲，而食譜也是在這樣熱鬧的環境中完成。

首先，要清洗蔬菜，還要試著咬咬看不常見的蔬菜。究竟是汆燙好？還是用蒸的？或者燉煮會比較好？就算是熟悉的蔬菜，也是必須先咬咬看，才能知道今天的菜究竟是比較嫩？或是比想像中硬？有時，啃咬之後的結果還會改變烹調做法。做成生菜沙拉？溫熱蔬菜沙拉？還是直接下鍋油炸後，再做成沙拉？料理過程中，有時改變之後還會接著做不同的變化呢。我們當然可以朝著最終目的直線前進，但有時稍微繞路所產出的成果亦充滿樂趣。無論是怎樣都去不了澀味的竹筍，還是很快就煮軟，甚至汆燙過頭的綠花椰。做法中提到的汆燙時間都

是大約幾分鐘，但在這過程中我也重新體認到，其實每種蔬菜都有自己所須的汆燙時間。

透過本書，我所得到的最大收穫，是蔬菜的出水及產生的湯汁。生鮮蔬菜搓鹽變軟後會出汁，我以前都會擠掉汁液丟棄。但某天試著品嘗汁液後，發現相當美味。心想著丟掉實在可惜，於是開始連同汁液做成料理。很希望大家也能發覺這些細微之處。

總之，訂定目標做出美味料理就對了。比起過程，只要盛盤後，送入口中時，能感到無比滿足，那就相當足夠了。希望各位讀者也能原汁原味地，感受到拍攝現場的那股氛圍。

2018年　春　飛田和緒

目錄

第1章　美味的春夏蔬菜

第2章 美味的秋冬蔬菜

第3章 香氣十足的蔬菜

第4章 可隨手取得的蔬菜

本書使用方法

◎計量單位：1小匙＝5㎖、1大匙＝15㎖、1杯＝200㎖、1杯米用量杯＝180㎖。
◎未特別記載瓦斯爐的火候大小時，皆指中火。
◎使用的橄欖油為特級初榨橄欖油。米糠油是指萃取自米糠的植物油，亦可改用自己喜愛的油品。
◎若無特殊要求，高湯的材料可使用昆布與柴魚片。
◎請充分閱讀各廠牌的產品說明書後，正確使用烤箱與微波爐。

第1章

美味的春夏蔬菜

高麗菜
胡蘿蔔
馬鈴薯
洋蔥
蘆筍
豌豆莢
青豆
蠶豆
四季豆
義大利扁豆
油菜花
芹菜
竹筍
蜂斗菜花
蜂斗菜
珠蔥
番茄
茄子
小黃瓜
青椒
甜椒
獅子辣椒
秋葵
苦瓜
櫛瓜
冬瓜
黑葉甘藍
莙薘菜
Colinky 南瓜

高麗菜

整顆購買最划算，
產季為春冬兩季。

只要是春季高麗菜，就算簡單切成細絲，我們一家三口也能吃掉整整一顆。

關於高麗菜

高麗菜的產季為春季與冬季。春季高麗菜葉片的包覆弧度較小，多汁。生吃不僅軟嫩，口感更是一流。反觀，冬季高麗菜的葉片包覆完整，葉片與葉片貼合。葉片一層層地緊密重疊，整體紮實沉重。用燉煮的方式料理冬季高麗菜，就能呈現出甜味。

聽說高麗菜要好吃，必須外葉翠綠，帶光澤與緊實，且菜心切口愈小愈好。在我家的話，高麗菜基本上會細切成菜絲當沙拉，或是做成牛肉蔬菜湯、高麗菜捲等燉煮料理，剩下的則是會用來熱炒、放入味噌湯及做成淺漬＊。若冰箱裡剩下不少高麗菜等蔬菜時，則會做成大阪燒。只要把所有蔬菜切絲，與粉類、高湯攪拌即可。這樣還蠻能幫冰箱大掃除，因此非常推薦各位。

＊淺漬（浅漬け）：日本的一種漬物。淺漬的製作時間較短，又稱即席漬、一夜漬、新香。

高麗菜絲沙拉

家人喜愛的高麗菜絲沙拉

我家的人最喜歡高麗菜絲了。一人一碗隆起的高麗菜絲，配上個人喜愛的調味品嘗。先生喜歡加鹽、胡椒、橄欖油以及些許美乃滋。女兒是醬油與芝麻油。我則是喜歡檸檬或紅酒醋的酸味，搭配鹽、胡椒、橄欖油。再佐上芝麻、海苔，或是醬油柴魚片一同品嘗。有時還會突然非常想吃淋醬口味。光一道高麗菜絲，就能呈現出好多種風味。

將較硬的菜梗切片後再切絲。過個水，用瀝水器充分瀝乾。

春季高麗菜還有這種吃法

春季高麗菜要生吃。除了切絲外，也可撕片做成沙拉或用鹽快速淺漬。柔軟的葉片是春季限定滋味，當然要用心品嘗。撕片高麗菜是串燒店或串炸店常見的料理。我還曾經因為太常「續高麗菜」卻沒點什麼主菜，搞到店家不高興。若是軟嫩的高麗菜，想必張口啃咬大片菜葉將有另一番美味。

將高麗菜葉疊起，切成4等分後盛盤，並佐上適量喜愛的味噌。將菜葉撕塊，沾點味噌就能品嘗。

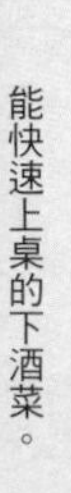

能快速上桌的下酒菜。

手撕高麗菜

三月×日

鯷魚炒高麗菜

除了鯷魚外，還可搭配榨菜、魩仔魚、梅乾果肉等有味道的食材一同熱炒，或是炒成味噌風味、醬汁風味、蠔油風味等，呈現相當多元。似乎也只有高麗菜能做出如此百變的組合。高麗菜葉較硬時，炒再久還是會很硬，那就乾脆稍微加點水，改做成燜燒料理吧。

三月×日

春季高麗菜即席漬

用薑等佐料一起製作即席漬的話，不僅氣味佳，還能在口感表現上畫龍點睛。食譜中放了許多佐料，但其實只加一種也無妨。

鯷魚炒高麗菜

材料（2～3人份）

高麗菜　1/2顆（600g）

鯷魚（魚塊）　2～3片

橄欖油　2大匙

做法

❶　切下高麗菜的硬葉梗並切小塊，葉片部分則隨意切塊。

❷　橄欖油與鯷魚下鍋，以中火加熱。將鯷魚炒至化入油中，加入高麗菜快速翻炒，稍微變軟後即可起鍋。不要炒太軟才好吃。

春季高麗菜即席漬

材料（2～3人份）

高麗菜　1/4顆（300g）

鹽　1小匙

A｜青紫蘇（切細絲）　5片
　｜蘘荷（對半縱切後切小塊）1顆
　｜薑（切片）　8片
　｜佃煮山椒粒（粗切）1/2小匙

做法

❶　薑切成細絲。高麗菜去掉硬梗後，撕成容易入口的大小（如圖）。放入料理盆，撒鹽搓揉，靜置片刻。稍微擠掉水分，加入A拌勻。

十二月×日

高麗菜捲

只要將高麗菜滷過，就會被高麗菜的甘甜所震撼。以前還會稍微仰賴市售的高湯粉，可是之後卻發現，就算沒加也鮮味十足，光喝湯就很美味。於是在那之後，我都只加鹽調味。不過，可別忘了高麗菜心，燉滷時可一起放入熬湯。這裡有個好消息，讓各位能輕鬆克服製作高麗菜捲時，將高麗菜葉一片片漂亮分開的難關。先在菜心周圍劃刀（圖ａ），並從切口沖水（圖ｂ），讓水流入葉片之間，透過水的重量，就能自然地讓葉片分開。

a

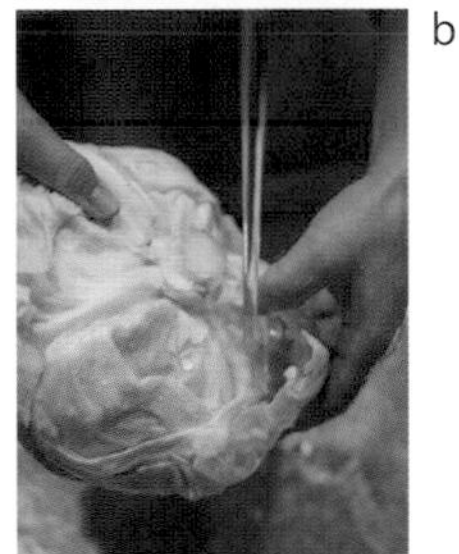
b

高麗菜捲

材料（8顆）
高麗菜葉　16片
培根（塊）　200g
胡蘿蔔　適量
鹽　少許

做法

❶ 以大鍋煮沸水，將高麗菜葉一片片放入汆燙並煮軟。以濾網撈起，放涼。

❷ 將培根切成8等分，再將每塊對切成條狀。

❸ 削掉高麗菜硬梗。將2片高麗菜重疊，並放上削掉的硬梗與2塊培根。將靠近自己的葉片兩側摺起，邊捲邊擠出空氣，讓捲完的部分朝下。

❹ 將高麗菜捲排列於較小的鍋子中（須緊密排列），並在隙縫塞入挖出的菜心、容易入口的胡蘿蔔切塊、培根（份量外）。接著倒水，但無須整個蓋過食材，開火加熱。加鹽，蓋上鍋蓋，以較弱的中火燉煮30分鐘，直到高麗菜變軟（如圖）。

常備蔬菜的代表，
讓餐桌變得耀眼。

胡蘿蔔

切圓薄片、切細絲……不同的胡蘿蔔切法，就能為口感及風味帶來差異。

關於胡蘿蔔

春天能在直銷所看見帶葉的新胡蘿蔔（譯註：初春採收的胡蘿蔔），尺寸較小，因此可整條下鍋煮湯，或是做為蔬菜棒沙拉享用。葉子柔軟的部分則可做成天婦羅，強烈的鮮味也很好吃。

（左）最近都會看到常見的橘色胡蘿蔔和紫色、黃色胡蘿蔔一起裝袋販售，看見時就會不自覺地購買。總覺得很不可思議，胡蘿蔔的顏色竟然能如此繽紛。（右）帶葉的春收胡蘿蔔。

秋天到冬天期間的胡蘿蔔甜味會整個倍增。可用來滷、用烤箱烘烤，或是做成甜醋漬。我女兒的便當裡總是少不了梅味胡蘿蔔。將梅乾與切成一口大小的胡蘿蔔放入鍋中，加水，但無須整個淹過食材，烹煮變軟後，再煮到讓湯汁收乾。調味只靠梅子那淡淡的酸味以及鹹味。梅子與胡蘿蔔的甜味極為契合，不僅能為便當增添色彩，也非常適合用來填滿配菜的空隙。

要挑選外表光滑，有彈性，顏色明顯橘中帶紅的胡蘿蔔。如果是購買帶葉胡蘿蔔，則須立刻將胡蘿蔔與葉子分開，避免葉子吸收掉水分。切來使用的胡蘿蔔要盡可能全數用畢，可切絲加鹽搓揉、拌醋後立刻食用，亦可拿來裝飾沙拉，或是與其他蔬菜相拌。與其擱在一旁，切了之後的胡蘿蔔立刻做點調味反而會更好運用。

最近才知道胡蘿蔔切絲的方法

切絲時，只要從較細的那頭斜切薄片（圖❶），接著再從側邊開始切絲（圖❷），就能輕鬆切出口感極佳的胡蘿蔔絲。這是某位漬物名人傳授的方法。我原本想說其實從哪邊開始切應該都一樣，但說也奇特，胡蘿蔔竟然能安分漂亮地重疊在一起。各位不妨抱著被騙一次也要試試的心情嘗試。

❶ 從細根處開始切薄片。

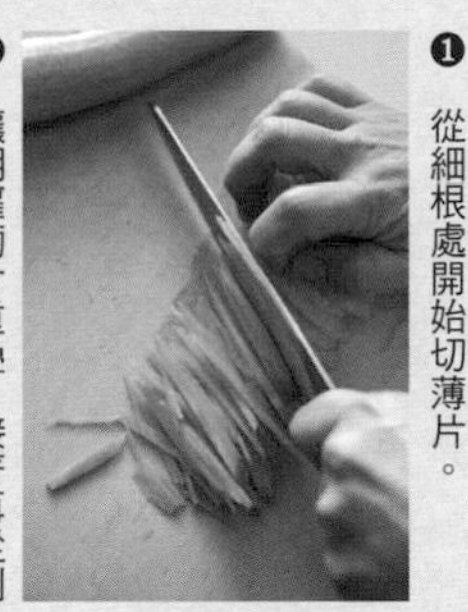

❷ 讓胡蘿蔔片重疊，接著再從側邊開始細切。

改成這種方法的話，切絲就變得一點也不困難了。

切絲做韓式拌菜

韓式拌菜要加鹽或加調味料後搓揉，無論哪種做法都一定要用手拌勻，這樣才能充分入味。胡蘿蔔甜味較強烈時，稍微加點醋也會相當好吃。

韓式胡蘿蔔拌菜
將2條胡蘿蔔（300g）切絲並放入料理盆，撒1小匙鹽混拌後，靜置片刻。稍微擠掉水分，加入少量大蒜泥、胡椒以及2小匙芝麻油並拌勻。

三月×日

牛腱胡蘿蔔燉湯

用牛腱肉的高湯，來燉煮胡蘿蔔與洋蔥做成湯品。較小的胡蘿蔔可以整條下鍋燉煮。保留胡蘿蔔的完整形狀，在視覺上會更有新鮮感。整條放入口中，或是用刀子劃切後立刻品嘗，似乎更能感受到胡蘿蔔的鮮味。除了肉本身的高湯外，胡蘿蔔與洋蔥也會帶有美味的成份，須慢慢燉煮入味。

十月×日

胡蘿蔔雙拼沙拉

將胡蘿蔔切薄片後，再拌入帶有胡蘿蔔泥的淋醬，製成沙拉。用紅洋蔥來串連起兩種胡蘿蔔，刺激的辛辣感更是亮點。改變切法就能呈現出不同的口感與風味，各位

牛腱胡蘿蔔燉湯

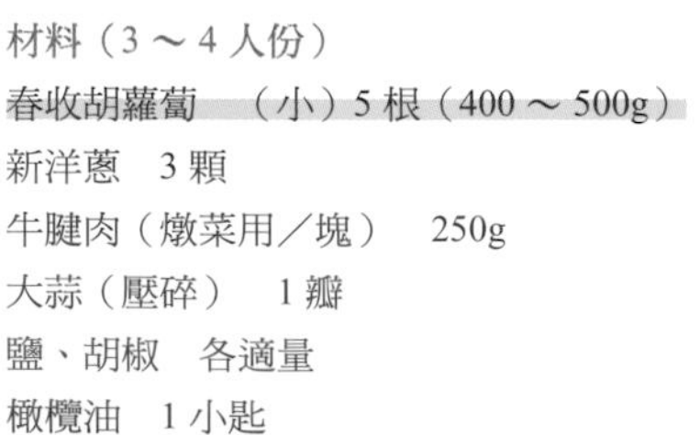

材料（3～4人份）

春收胡蘿蔔　（小）5根（400～500g）

新洋蔥　3顆

牛腱肉（燉菜用／塊）　250g

大蒜（壓碎）　1瓣

鹽、胡椒　各適量

橄欖油　1小匙

做法

❶　牛肉切成3～4cm塊狀，撒入少許的鹽與胡椒。

❷　將橄欖油、牛肉、胡蘿蔔放入較厚的鍋中拌炒。當牛肉炒到稍微帶色後，加水浸過食材，蓋上鍋蓋，以較弱的中火烹煮40～50分鐘，讓牛肉變軟。

❸　胡蘿蔔削皮。大顆洋蔥則對半縱切。加入❷中，煮至軟嫩。試味道後，添加少許的鹽、胡椒做調整。

不妨嘗試看看其中的變化。這次雖然只使用蔬菜做為食材，但也可與火腿或鮪魚相搭配。將此沙拉夾入麵包做成三明治亦相當美味。

十月×日

涼拌紅白蘿蔔與蕗蕎

這是一道能分別享受到胡蘿蔔與蘿蔔乾口感的拌物料理。蕗蕎則是扮演佐料的角色，將2種食材結合。雖然是以魚露調味，卻也能與日式菜餚相搭。撒點香菜的話，則會瞬間變成異國料理。亦可放入切碎的堅果類，為香氣加分。

胡蘿蔔雙拼沙拉

材料（2～3人份）

胡蘿蔔　1根（150g）

紅洋蔥（切片）　1/4顆

鹽　1/3小匙

A
- 紅酒醋　2小匙
- 鹽　2撮
- 橄欖油　1又1/2大匙
- 黑胡椒（粗粒）　適量

做法

❶　胡蘿蔔削皮，一半磨泥（圖a），另一半則用刨絲器削成圓薄片（圖b），撒鹽混合後，靜置片刻。

❷　於磨成泥狀的胡蘿蔔加入A的紅酒醋、鹽混合，靜置片刻。

❸　紅洋蔥浸水後，擠掉水分。

❹　於❷加入A剩餘的材料後混合，接著加入❸。稍微擠掉胡蘿蔔薄片的水分並加入。盛盤後，撒點黑胡椒（粗粒／份量外）。

a

b

a

b

涼拌紅白蘿蔔與蕗蕎

材料（2～3人份）

胡蘿蔔　1根（150g）

白蘿蔔絲（乾貨）　30g

蕗蕎（甜醋漬）　2～3顆

鹽　1/3小匙

魚露　少許

米糠油　1大匙

做法

❶　胡蘿蔔削皮，切成細絲（參照P.13），撒鹽混合並靜置片刻（圖a）。

❷　將白蘿蔔絲浸入大量水中20～30分鐘泡軟，稍微擠掉水分後，切成容易入口的大小。蕗蕎則切成圓薄片。

❸　稍微擠掉胡蘿蔔的水分（圖b），放入料理盆，加入❷混合。試味道後，添加魚露做調整，並加入米糠油拌勻。

馬鈴薯

春天的新馬鈴薯與秋天的馬鈴薯擁有著不同風味

關於馬鈴薯

當吹起充滿春天氣息的微風時，直銷所就會開始擺出新採收的馬鈴薯。

最近馬鈴薯的種類很多，有紅色的、長得小小顆的，多到讓人不知該如何選擇。我年輕時，只要看到新馬鈴薯上市，就會很開心地拿著這些鮮採的馬鈴薯，製作馬鈴薯燉肉、可樂餅等料理，卻發現新馬鈴薯沒辦法呈現出既有風味而感到失望不已。新馬鈴薯的味道似乎較淡、不夠鮮明。因此各位在料理時，必須抱持著新馬鈴薯不同於普通馬鈴薯的想法。我可是花了好幾年的時間才明白其中差異。每年一到春天，那各種嘗試過的味道又會再次浮現腦海中。

我最喜歡的新馬鈴薯吃法，是連皮蒸過後，沾鹽大口塞進嘴巴裡頭品嘗，新馬鈴薯水分較多，會較為濕潤，因此要連皮一起蒸。若手邊有羅勒醬、酸奶油或是自製美乃滋的話，可是會讓人一顆接一顆欲罷不能。

看見小顆的新馬鈴薯時，一定要製作的菜餚

這道料理是乾燒新馬鈴薯。雖說是乾燒，但感覺比較像是用油來煮。在油還沒變熱前，就放入馬鈴薯，以小火慢慢加熱。由於是新馬鈴薯，因此熟的速度很快，油炸難度不高。事後的鹹甜調味也能很快入味。新馬鈴薯炸過之後，口感會變得黏稠，感覺就像是肉丸子。我是使用最近很喜歡的米糠油來料理。拿起馬鈴薯後，將油過濾，就能繼續用來油炸其他蔬菜，或熱炒料理。

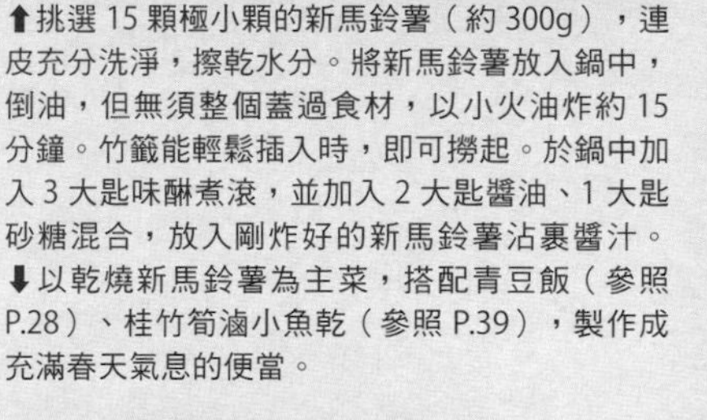

乾燒新馬鈴薯

⬆挑選 15 顆極小顆的新馬鈴薯（約 300g），連皮充分洗淨，擦乾水分。將新馬鈴薯放入鍋中，倒油，但無須整個蓋過食材，以小火油炸約 15 分鐘。竹籤能輕鬆插入時，即可撈起。於鍋中加入 3 大匙味醂煮滾，並加入 2 大匙醬油、1 大匙砂糖混合，放入剛炸好的新馬鈴薯沾裹醬汁。

⬇以乾燒新馬鈴薯為主菜，搭配青豆飯（參照 P.28）、桂竹筍滷小魚乾（參照 P.39），製作成充滿春天氣息的便當。

四月×日

馬鈴薯沙拉

先將馬鈴薯皮用菜瓜布輕刷，充分洗淨後，倒入蓋過食材的水量，連皮一起汆燙。煮到竹籤能輕鬆插入時，即可撈起，並趁熱將皮剝除。亦可直接放入蒸籠裡熱蒸。馬鈴薯含水量高，因此熟得也快。由於皮很薄，連皮一起品嚐也是不錯的選擇。

馬鈴薯沙拉

材料（2～3人份）

新馬鈴薯　（小）6顆（約300g）
洋蔥（切丁）　1/4顆
黑橄欖（鹽漬／無籽）　5顆
豆瓣菜（撕小段）　2根
橄欖油　1又1/2～2大匙

做法

❶　馬鈴薯充分洗淨後，連皮汆燙，趁熱剝皮（如圖）並切成4等分。
❷　粗切黑橄欖。
❸　將洋蔥、黑橄欖放入料理盆，接著放入熱騰騰的❶，稍微靜置冷卻。加入豆瓣菜，澆淋橄欖油並加以拌和。試味道後，再添加適量的鹽（份量外）做調整。

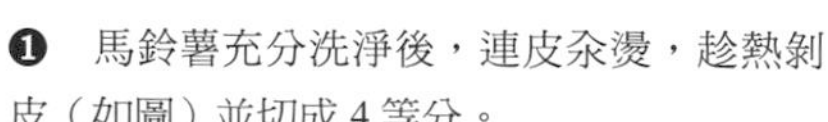

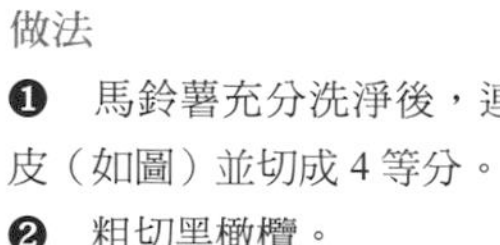

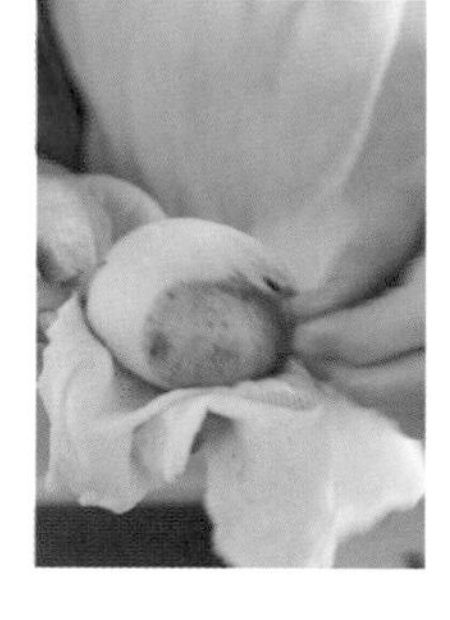

四月×日

酥脆馬鈴薯

把馬鈴薯的切口煎到酥酥脆脆，能為香氣表現加分。或許是因為新馬鈴薯的味道比較清淡，先生與女兒對於像這樣較重的調味都相當買單。若有新採收的大蒜，我也會放入許多大蒜後品嘗。

酥脆馬鈴薯

材料（2～3人份）

新馬鈴薯　3顆（約300g）
大蒜（壓碎）　1瓣
帕瑪森起司（塊）　適量
鹽　2撮
橄欖油　2大匙

做法

❶　馬鈴薯充分洗淨後，連皮汆燙，趁熱剝皮。對半切開後，再切成3等分的半月條形。
❷　將橄欖油與大蒜倒入平底鍋，開火加熱，飄出香氣後，再將馬鈴薯排入鍋中，以較弱的中火煎到切口帶焦色。另一側的切口也以相同方式熱煎，完成後即可盛盤。撒鹽，並刨入帕瑪森起司。

二月×日

牛肉可樂餅

我很喜歡加牛肉的可樂餅。充分調味，下鍋油炸，然後直接大口品嘗。這也是我女兒的最愛，雖然都會多做一些，但每每起鍋盤子就立刻被清空。女兒會淋上醬汁享用。

牛肉可樂餅

材料（12 顆）
馬鈴薯　5 顆（650g）
牛肉（切片）　150g
洋蔥（切粗丁）　1 顆
牛乳　1/4 杯
鹽、胡椒　各適量
麵粉、蛋液、麵包粉　各適量
奶油　2 大匙
炸油　適量
菊苣（如果有的話）　少許

做法

❶　馬鈴薯充分洗淨後，整顆連皮放入鍋中，倒入蓋過食材的水量汆燙。

❷　牛肉細切，混合 1/2 小匙的鹽與少許胡椒。

❸　於平底鍋融化奶油，放入洋蔥炒軟。撒入些許的鹽、胡椒，繼續炒至淡咖啡色後即可起鍋。

❹　將牛肉放入❸的平底鍋中，以中火炒至變色，取出後放涼。

❺　當馬鈴薯煮軟到能輕鬆插入竹籤時，即可瀝乾水分。剝皮後，趁熱搗碎（圖 a）。加入❸、❹混合，視情況添加牛奶（圖 b），使整體呈濕潤狀。加 2 撮鹽調味，分成 12 等分後，捏成橢圓形（圖 c）。

❻　將❺沾裹麵粉、蛋液、麵包粉，放入 170℃的炸油中，並於過程中翻面，整顆炸到稍微帶焦色。盛盤後，擺入菊苣做裝飾。

a

b

c

二月×日

奶油燉馬鈴薯

奶油的濃郁及香氣和馬鈴薯極為相搭。培根塊就能增添鹹味與鮮味，因此無須使用高湯。

奶油風味燉馬鈴薯

材料（2～3 人份）
馬鈴薯　3 顆（400g）
培根（塊）　50g
A｜奶油　15g
　｜鹽　2 撮
巴西里（切碎末）　少許

做法

❶　馬鈴薯削皮，每顆切成 2～3 等分。培根切成 2cm 塊狀。

❷　於較厚的鍋中放入❶、A 與 3 大匙水，蓋上鍋蓋後，以較弱的中火蒸煮約 15 分鐘。馬鈴薯變軟後即可完成。若仍帶有水分，則可打開鍋蓋，讓水氣蒸發。盛盤後，撒點巴西里。

洋蔥

料理不可或缺的重要夥伴

浸漬甜醋後，就能快速去除辛辣，使洋蔥變得濕潤香甜。

關於洋蔥

進入初春，也代表著新洋蔥產季的開始。皮薄、猶如會透光般的純白洋蔥。新洋蔥較不辛辣，因此切成很薄的薄片，做成生菜沙拉就是一道季節限定的菜餚。發出亮澤光輝的洋蔥十分美麗。將新洋蔥直接下鍋油炸到酥脆的天婦羅更是家人們的最愛。最近，從過年後就➡

能看見來自各地的新洋蔥，可一直品嘗到6月左右，這半年期間總會讓人一直想買新洋蔥。

普通洋蔥較嗆辣，有時一下刀就會立刻流淚呢。若要生吃可先用鹽搓揉，或浸漬甜醋。洋蔥本體紮實，加熱後會變黏變甜。適合用來燉滷，但無須刻意與新洋蔥做區分，兩者皆可用烘烤、熱炒等方式烹調，即便不是主菜，仍會出現在每天的某道料理當中。要完成一本料理書籍的話，當中可會使用到非常大量的洋蔥，因此洋蔥在我的食譜中，是不可或缺的。

運用紅洋蔥的顏色

這是名為湘南紅的洋蔥，也是我家附近農家常種的品種。顏色漂亮，適合生吃，但有時會太過嗆辣，遇到這種情況時，我就會浸漬甜醋。亦可與白洋蔥一同熱炒、烘烤或是油炸。可能是因為產地的關係，我買的紅洋蔥不像在超市一樣採單顆販售，而是像普通洋蔥，數顆袋裝銷售，所以紅洋蔥對我家而言並不是那麼稀奇，使用方法也和普通洋蔥相同。

剝皮後，竟是如此充滿亮澤。

買太多時可用來浸漬甜醋

將切薄片的洋蔥浸入甜醋後，很快就能去除辛辣，變得濕潤香甜。當剩下半顆洋蔥，或買太多洋蔥時，全部切絲浸漬就對了。有了這個，就能做為香煎肉類魚類或燒烤料理的佐料，用甜醋洋蔥取代醬汁。可直接生吃，亦可炒過讓甜味變得更加明顯，形成另一種美味。若沙拉裡頭只有番茄或小黃瓜時，還可以用來做成沙拉醬。

將2顆洋蔥對半縱切，沿著纖維切成薄片。放入乾淨的容器中，加入1小匙鹽、2大匙砂糖、3大匙醋，靜置半天左右。可存放冰箱冷藏約1週。

甜醋漬洋蔥

甜醋洋蔥火腿三明治

烤2片（6片裝）吐司，塗抹少許奶油。在1片吐司鋪放瀝乾湯汁的甜醋洋蔥，可依自己喜好決定份量。

擺放2片切半的火腿，依喜好淋上美乃滋，再蓋上另1片吐司。

切成容易入口的大小後，請享用。

三月×日

烘烤新洋蔥

只要將洋蔥連皮放入烤箱中。在外皮包裹下，裡頭的洋蔥會慢慢加熱，變得濕潤柔軟又香甜，就算普通洋蔥也一定要試做看看。無論哪種皆有其美味。做法很簡單，雖然只搭配鹽、胡椒與橄欖油品嘗，但也很推薦醬油口味與味噌口味。

六月×日

紅洋蔥佐嫩煎豬肉

當買了大量的紅洋蔥時，我會炒過並以酒醋調味，做成酒醋醃泡洋蔥。只要把洋蔥擺在烤肉或烤魚上，就是一道華麗的料理。一般我們都只會稍微加點紅洋蔥，做為沙拉的色彩點綴，像這樣大

烘烤新洋蔥

材料（3～4人份）

新洋蔥　3顆
春收胡蘿蔔　2根
鹽、橄欖油　各適量

做法

❶ 將胡蘿蔔對半縱切。

❷ 於烤盤鋪上烘焙用紙，將、❶與帶皮洋蔥直接排列於上，放入預熱200℃的烤箱中，烘烤1小時左右（如圖）。附上鹽、橄欖油，即可沾取享用。

紅洋蔥佐嫩煎豬肉

量擺放於肉類料理上可是充滿震撼力。由於已去除掉相當的辛辣味，因此孩子們似乎也蠻能接受的。

材料（2 人份）

紅洋蔥　1 顆

豬里肌肉（炸豬排用）　2 片

A｜白酒醋　4 小匙
　｜鹽　1/4 小匙

橄欖油　1 大匙

做法

❶　將紅洋蔥切成寬 2cm 的半月條形，並一片片剝開。

❷　豬肉去筋，撒些許的鹽、胡椒（份量外）。加熱平底鍋，無須倒油，直接用豬肉的油脂將兩面煎到帶焦後，即可取出並盛盤。

❸　拭淨平底鍋，倒入橄欖油，以中火慢炒❶。當邊緣開始變焦，即可加入 A 調味（如圖），並擺放於❷上。

二月×日

洋蔥甘辛煮

洋蔥的甜與醬油極為契合。只放洋蔥下去燉滷雖然已經很好吃了，但若再加入豬肉，就會搖身一變成為下飯菜餚，可以擺在剛煮好的白飯上品嘗。將洋蔥連芯一起燉煮，就不會煮到散開，保留整塊的洋蔥原貌。

洋蔥甘辛煮

材料（2 ～ 3 人份）

洋蔥　2 顆

豬肉（薑汁燒肉用）　100g

高湯　1 又 1/2 杯

砂糖　2 小匙

醬油　1 又 1/2 大匙

做法

❶　洋蔥連同中間的芽心切成 6 等分的半月條形。豬肉切成一口大小。

❷　將洋蔥與高湯倒入鍋中，開火加熱，加入砂糖，蓋上防溢料理紙，直到洋蔥煮軟。放入豬肉繼續烹煮，當肉變色後，即可加入醬油（如圖），再烹煮 5 分鐘左右。

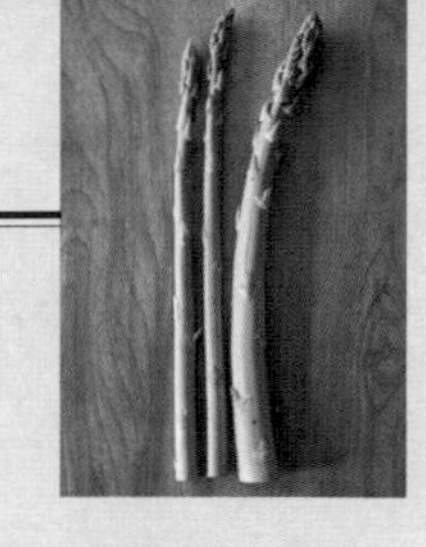

蘆筍

美味之處在於那鬆軟的口感與獨特香氣

關於蘆筍

蘆筍雖然現在整年都買得到，但綠色要夠深、莖要夠粗的日產蘆筍產季是初春至初夏期間。我娘家田裡的蘆筍因為是自產自用，粗細長短雖然不一，香氣與味道卻特別棒。汆燙數秒後撈起，鬆軟的口感與青草香氣會在口中整個擴散開來。汆燙蘆筍時若有飄出獨特香氣，就要做好天氣馬上會變熱的覺悟。蘆筍可說是能敏感感受四季變化的蔬菜之一。

綠蘆筍靠近根部的外皮口感不佳，因此看是要從該處摺斷，或刨刀削皮。

用刨刀削掉硬皮。

現在也都看得到白蘆筍

白蘆筍是用土覆蓋遮光，以軟化栽培而成的蘆筍。從前只有在吃罐頭食品時，才能吃到白蘆筍。但現在日本國產白蘆筍亦相當常見，不再那麼稀有。用刨刀將白蘆筍的皮削掉後，在水中加入常保蘆筍白色的檸檬汁或醋，接著汆燙煮軟。將削掉的皮一同下鍋汆燙，似乎能更增添蘆筍起鍋後的香氣。白蘆筍那充滿濕潤的柔軟口感以及柔和香氣，與綠蘆筍相比彷彿是完全不同的2樣蔬菜。

將削掉的皮一同下鍋汆燙，能讓白蘆筍起鍋時充滿香氣。

四月×日

汆燙蘆筍佐白煮蛋

我最愛剛汆燙起鍋，熱騰騰的蘆筍。在半熟蛋放上些許美乃滋，沾取濃郁的蛋液品嘗。為了能更方便沾取蛋液，我刻意不做分切，保留整根蘆筍的長度，能直接手拿享用。

汆燙蘆筍佐白煮蛋

材料（2～3人份）

綠蘆筍、白蘆筍　各3根

雞蛋　2顆

檸檬汁　1/4顆的量

美乃滋　適量

做法

❶　切除綠蘆筍根部末端，削掉下方1/3左右的皮。切除白蘆筍根部末端，並整根削皮。保留削掉的蘆筍皮。

❷　於熱水放入些許鹽（份量外），將綠蘆筍汆燙煮軟後撈起。將白蘆筍皮放入同一鍋熱水中，加入檸檬汁，汆燙白蘆筍。

❸　雞蛋從冰箱取出後，立刻放入熱水中汆燙6～7分鐘。

❹　將❷盛盤，佐上溫熱的水煮蛋。稍微切開水煮蛋，在蛋黃淋點美乃滋，就能用蘆筍沾取半熟蛋享用。

四月×日

蘆筍起司燒

若冰箱裡有昨天汆湯好的蘆筍時，就可以隨興撒點起司與麵包粉後，直接放入烤箱中。這也是我在早餐或晚餐時，常做的一道料理。

蘆筍起司燒

材料（2～3人份）

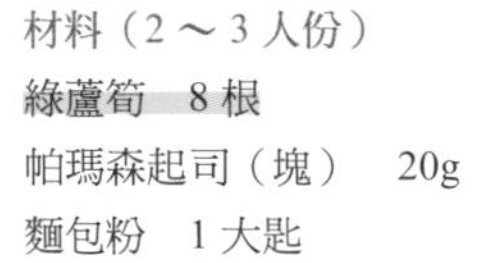

綠蘆筍　8根

帕瑪森起司（塊）　20g

麵包粉　1大匙

做法

❶　切除綠蘆筍根部末端，削掉下方1/3左右的皮。以熱水汆燙出漂亮顏色，將蘆筍長度對切成半。

❷　排列於耐熱器皿中，以刨刀削點帕瑪森起司，再撒入麵包粉。放入烤箱烘烤6分鐘左右，使起司融化，麵包粉變色。

四月×日

奶油醬炒蘆筍

蘆筍無須事先汆燙，直接以平底鍋加熱至熟。沾裹油後會讓蘆筍的綠變得更深、更美。無論是花枝鬚或蘆筍，以奶油和醬油調味都極為契合。

奶油醬油風味炒蘆筍

材料（2～3 人份）
綠蘆筍　8 根
花枝鬚＊　120g
大蒜（壓碎）　（小）1 瓣
鹽　適量
醬油、胡椒　各少許
橄欖油、奶油　各 1 大匙
＊盡量挑選較小較軟的花枝鬚。

做法
❶　切除綠蘆筍根部末端，削掉下方 1/3 左右的皮。滾刀切成稍長的條狀。
❷　切除花枝鬚末端。
❸　將橄欖油與大蒜倒入平底鍋並加熱，飄出香氣後，熱炒❷，變色時即可撒入些許的鹽，並先取出。
❹　將❶倒入平底鍋，炒軟後（如圖），撒入 3 撮鹽。再將❸倒入，加入奶油後快炒。接著加醬油、胡椒拌炒。

四月×日

蘆筍肉捲

將整根蘆筍裹肉熱煎，端上餐桌時，家人們紛紛立刻前來一探究竟。大家的反應實在太有趣了，不禁讓我想再做做這道料理。又粗又挺的蘆筍一根就可以做成肉捲，較細的蘆筍則須使用2～3根。可依喜好切半或切成一口大小。但建議煎好後再切，這樣才能鎖住美味的蘆筍湯汁。

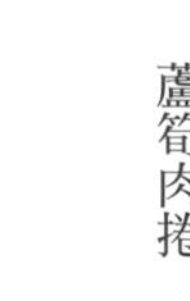

蘆筍肉捲

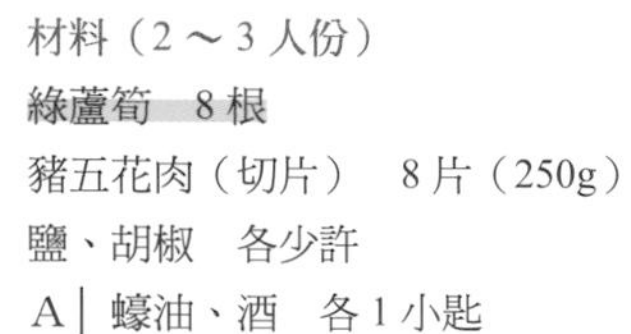

材料（2～3 人份）
綠蘆筍　8 根
豬五花肉（切片）　8 片（250g）
鹽、胡椒　各少許
A｜蠔油、酒　各 1 小匙

做法
❶　切除綠蘆筍根部末端，削掉下方 1/3 左右的皮。
❷　以 1 片豬肉斜斜捲起 1 根蘆筍（如圖），撒鹽、胡椒。
❸　無須倒油，直接將❷排列於平底鍋中，慢慢熱煎。偶爾翻動蘆筍，直到整體煎至酥脆，最後加入 A 調味。

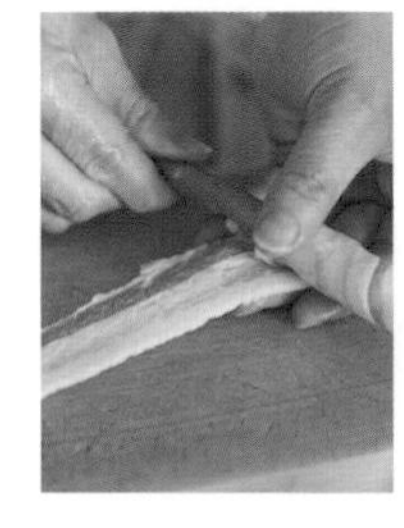

豌豆莢

稍微加熱，充分發揮鮮豔色澤

四月×日

美乃滋醬油豌豆莢

我最喜歡將剛汆燙起鍋，熱騰騰的豌豆莢沾點美乃滋品嘗。這樣能夠充分享受到豆莢與豆子的生味及香氣。美乃滋再滴些醬油，一起沾取享用也非常美味。

美乃滋醬油豌豆莢

材料（2～3人份）
豌豆莢　1袋（200g）
美乃滋、醬油、柴魚片　各適量

做法
❶　從豌豆莢的尾端將粗絲撕除（如圖）。
❷　於熱水加入少許鹽（份量外），放入❶汆燙煮軟，以濾網撈起，放涼。
❸　盛盤後，淋上美乃滋、醬油，再撒點柴魚片。

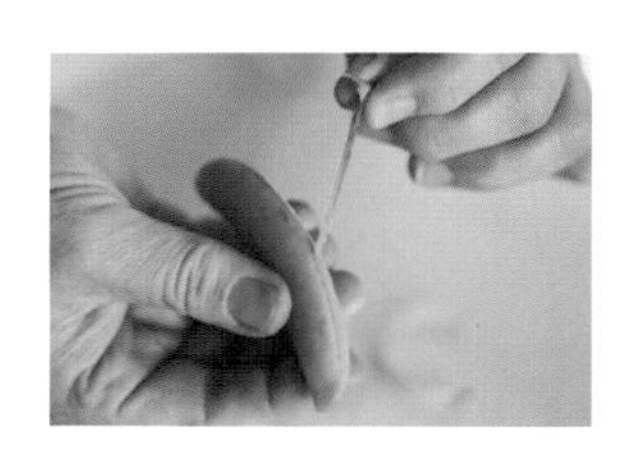

四月×日

梅子豌豆莢新洋蔥沙拉

以初夏食材搭配而成的沙拉料理。豌豆莢的綠、洋蔥的白、羊栖菜的黑，我相當喜愛這樣的顏色組合。除了梅子風味外，亦可搭配法式淋醬、充滿芝麻油風味的中式淋醬、或是清爽的柚醋醬，都非常適合。

梅子豌豆莢新洋蔥沙拉

材料（2～3人份）
豌豆莢　60g
新洋蔥（縱切薄片）　1顆
羊栖菜（乾貨）　10g*
梅乾　1顆
A｜醋、砂糖　各1大匙
　｜鹽　2撮
＊浸水後會變80g

做法
❶　將羊栖菜浸水20分鐘泡開，快速汆燙。以濾網撈起，放涼。較長的羊栖菜則切成容易入口的長度。
❷　將新洋蔥與A混合，浸漬直到變軟。
❸　豌豆莢去絲（參照右記）。於熱水加入少許鹽（份量外），汆燙煮軟後，以濾網撈起，放涼。接著對半縱切。
❹　梅乾去籽後，以菜刀將果肉剁碎，加入❷中混合，接著與❶、❸拌勻。

五月×日

青豆飯

青豆的綠雖然沒有那麼鮮豔，但豆子本身的香氣與味道卻更能與米飯結合，因此我會將白米和青豆一起炊煮。無論是用電子鍋還是土鍋，都請以相同要領炊煮。最好是使用能從豆莢取出的新鮮青豆。我家的青豆飯，一定會搭配馬鈴薯沙拉與味噌湯一起享用。

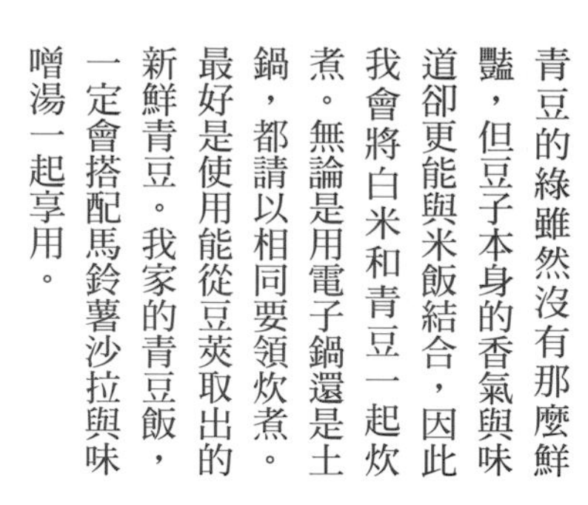

盡量購買帶莢豆，並取出豆子使用

青豆

青豆飯

材料（3～4人份）
青豆（從豆莢取出） 120g
米 360mℓ（2杯）
A｜ 酒、鹽 各1小匙

做法

❶ 將米洗淨，以篩子撈起，放置30分鐘左右。

❷ 米倒入電子鍋，加入A。加水至2杯米的刻線處，以平常的方式與青豆一起炊煮。煮熟後，再輕輕混合。

蠶豆

喜歡能夠呈現出鬆軟口感的吃法

五月×日

豆瓣醬炒蠶豆

豆瓣醬原料的蠶豆，與豆瓣醬的組合絕對正確。先在蠶豆的薄皮上劃刀，將生豆炒過，屆時就能用手拿取食用。此做法能呈現出與汆燙蠶豆不同的鬆軟口感，經加辣調味後，就是道會讓人上癮的美味。敬請連同薄皮上的佐料放入口中吸吮品嘗。

豆瓣醬炒蠶豆

材料（2～3 人份）
蠶豆（從豆莢取出） 200g
豆瓣醬 約 1/2 小匙 *
米糠油 1 大匙
*依照鹹度調整豆瓣醬用量。

做法
❶ 在蠶豆的薄皮上劃刀（如圖）。
❷ 將米糠油、豆瓣醬倒入平底鍋，以小火加熱。飄出香氣後，再加入❶拌炒。當劃刀處裂開，能看見裡頭的蠶豆時，即可起鍋。

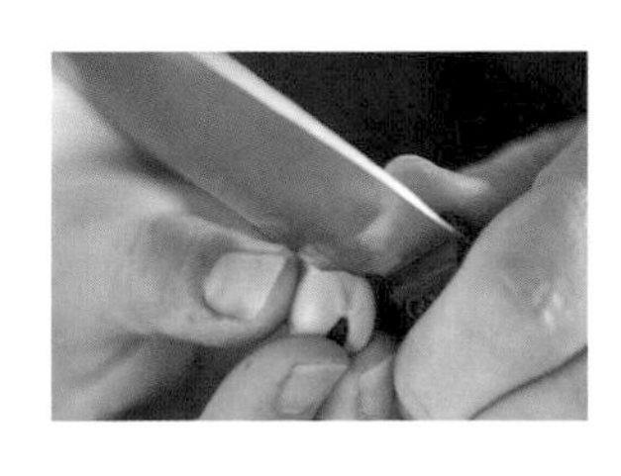

四月×日

涼拌雙豆

想同時品嘗不同口感的豆子風味，於是做了這道料理。蠶豆汆燙後，用扇子搧涼快速降溫，能避免失去色澤。將青豆放在汆燙水中冷卻的話，則能呈現飽滿狀，不會產生皺褶。不同的豆子會有不同的處理方式。可直接品嘗吸有高湯的豆子，或是混入剛煮好的白飯中做成豆子飯，亦可做成沙拉、加入湯品中，以涼拌的方式做變化也非常有趣。

涼拌雙豆

材料（2～3 人份）
蠶豆（從豆莢取出） 200g
青豆（從豆莢取出） 120g
A | 高湯 2 杯
 | 鹽 1/2 小匙
 | 淡味醬油 少許

做法
❶ 在蠶豆的薄皮上劃刀（參照右圖）。以熱水汆燙 1 分鐘後，用篩子撈起，搧風加速降溫，剝除薄皮。
❷ 青豆則是放入熱水汆燙 4 分鐘左右，並直接置於鍋中冷卻。
❸ 於鍋中倒入 A，煮滾後放涼。接著加入❶、瀝乾的❷，浸漬 30 分鐘以上使其入味。

四季豆

前置處理
只須去除蒂頭部分

六月×日

乾煸四季豆

四季豆要熟可是出乎意料地費時。與新鮮程度雖然也有關係，但基本上無法「迅速」煮熟，因此食譜裡頭的大蒜改成稍後放入，須先將四季豆充分炒熟。我喜歡將四季豆炒到整個變得塌軟。

六月×日

四季豆信太捲

用豆皮捲起四季豆後，以高湯醬油烹煮。豆皮的鮮味滲入四季豆將變得美味。烹煮過程會讓豆皮變鬆，因此一開始必須捲緊，這樣成品才會漂亮。食譜中是以牙籤固定，但也可以用乾瓢或鴨兒芹捆綁，看起來將會更美觀。

乾煸四季豆

材料（2～3人份）
四季豆　2包（600g）
大蒜（切粗丁）　（大）1瓣
鹽　1小匙
米糠油　1大匙

做法

❶　去掉四季豆蒂頭。

❷　將米糠油倒入平底鍋加熱，放入四季豆翻炒。炒到變色後，火候轉小，繼續炒到變軟。

❸　用料理筷夾起四季豆時，若已變軟並呈く的彎曲形狀，即可加入大蒜拌炒，飄出香氣後轉小火，最後撒鹽調味。

四季豆信太捲

材料（2～3人份）
四季豆　1包（300g）
豆皮　2片
A　高湯　2杯
　醬油　1大匙
　酒、味醂、砂糖　各1小匙
　鹽　1/4小匙

做法

❶　去掉四季豆蒂頭。用熱水汆燙出漂亮的顏色，以篩子撈起，瀝乾水分。

❷　保留豆皮1邊的長邊，刀子躺平從中間剖開，接著對切成2片。縱向擺放1片切開後的豆皮，放上8根左右的四季豆（如圖），捲起後以牙籤固定。

❸　將A倒入鍋中煮沸，將❷放入，擺放時牙籤須橫躺，蓋上防溢料理紙，烹煮10～15分鐘。

❹　對半切開，拿掉牙籤後盛盤，並淋上湯汁。

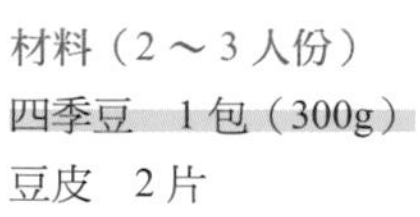

扁豆

豆子軟，烹調時間短

燉扁豆與馬鈴薯

六月×日

這是久保原造型師的母親親自傳授的滷物食譜。將馬鈴薯滷到鬆軟，四季豆則是變得塌軟。久保田媽媽剛開始還建議要拿已使用過的炸油來炒菜，嘗試後發現還真能展現出濃郁風味。只要做完油炸料理的隔天，我都一定會製作這道滷物。

烤扁豆

六月×日

將材料擺放於烤盤上，撒點調味料，接著放入烤箱即可。不太需要動刀，調味也很簡單。這是責任編輯小愛的親授食譜。下班回到家後就能立刻放入烤箱，接著慢慢地開瓶葡萄酒。

燉扁豆與馬鈴薯

材料（2～3人份）

扁豆　10根
馬鈴薯　3顆
鹽　1小匙
油＊　2大匙
＊可使用已用過的炸油。

做法

❶　去掉扁豆蒂頭，切成3等分。馬鈴薯削皮，每顆切成4等分。
❷　於較厚的鍋中倒油加熱，依序放入扁豆、馬鈴薯拌炒（如圖），全部食材都變得油亮時，加入1杯水，蓋上鍋蓋，將馬鈴薯煮至鬆軟。加鹽調味，稍微烹煮片刻即可關火。

烤扁豆

材料（2～3人份）

扁豆　10根
蘑菇　（大）4顆
大蒜　（小）3～4瓣
新鮮百里香（生）　3～4枝
鹽　1小匙
橄欖油　適量

做法

❶　去掉扁豆蒂頭。切掉蘑菇蒂頭底部，對切成半。壓碎大蒜。

❷　在烤盤鋪上烘焙用紙，排列❶，撒鹽、澆淋1大匙橄欖油後混拌。撒入適量的百里香碎末。
❸　放入預熱200℃的烤箱，烘烤約15分（如圖）。出爐後，澆淋少許橄欖油即可盛盤。

油菜花

春天的味道。撕掉薄皮後再使用。

關於油菜花

買回油菜花後，要先浸水讓菜梗與菜葉變得有生氣。接著從切口朝花芽方向撕掉薄皮，如此一來能讓菜梗與花芽所須的汆燙時間相同，口感也會變好。將撕掉的薄皮汆燙變軟，切小塊後拌入剛煮好的米飯中，就成了菜飯，這可是我女兒的最愛。混拌魩仔魚或白芝麻也相當美味。

浸水能讓口感變爽脆。

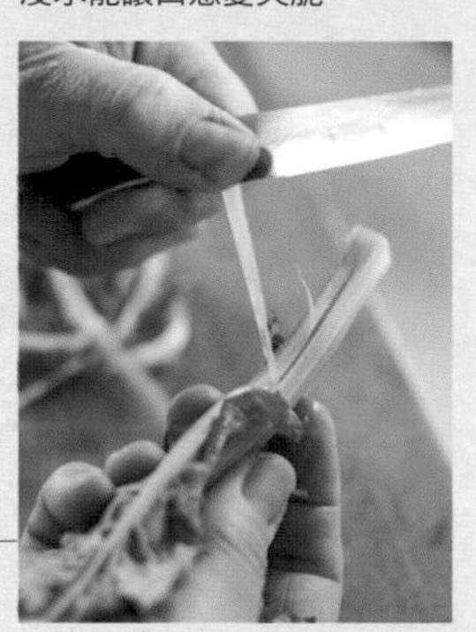
從切口朝花芽方向撕掉菜梗的薄皮。

金平*油菜花皮

油菜花的薄皮纖維較粗，可迅速翻炒後加水燜燒，或是汆燙後再熱炒。拍攝時，我是直接保留薄皮撕下後的長度，但吃了卻發現難以下嚥，怎麼咀嚼都咬不斷。將薄皮切短後較容易入口，以炒燉的方式煮軟。

金平油菜花皮

⬅撕掉 1 把油菜花的薄皮後，切成容易入口的長度。以 1 小匙米糠油炒軟，再加入 1 小匙味醂、少許淡味醬油、2 大匙的水炒燉。

先從菜梗開始汆燙

先放入油菜花梗，稍待片刻後會往下沉，接著再汆燙至熱水整個沸騰。

馬上浸冷水降溫。

*金平（きんぴら）：使用日式調味料，並先炒後煮的根莖類小菜。常見「金平牛蒡」。

三月×日

黃芥末涼拌油菜花

雖然可以汆燙後直接拌入黃芥末，但這裡我是先浸漬於高湯，做成涼拌菜後，再與黃芥末混合。這樣似乎能讓油菜花的味道變柔和，更容易入口。舒緩的苦味與辛辣味極為相搭。

三月×日

油菜花散壽司

撒入油菜花的壽司，就像是春天的景色。是道非常適合出現在慶祝女兒節、畢業或入學宴席上的料理。做法很簡單，只需要用油菜花，搭配鹹味魩仔魚，以及充滿香氣的芝麻。若還想多下點功夫，則可撒點切碎的水煮蛋或蛋絲，讓整道料理春色盎然。

黃芥末涼拌油菜花

黃芥末涼拌油菜花

材料（2～3人份）

油菜花　1把（300g）

A｜高湯　1杯
　｜鹽　2撮
　｜淡味醬油　少許

B｜黃芥末泥　1/4～1/3小匙
　｜淡味醬油　1小匙

做法

❶ 將油菜花浸水，撕掉薄皮後，熱水汆燙。接著浸入冷水中降溫（參照P.32），冷卻後擠掉水分。

❷ 於料理盆混合A，加入❶，靜置20分鐘左右。稍微擠掉湯汁後，切成容易入口的大小。

❸ 用另一個料理盆將B混合，加入❷拌勻。

油菜花散壽司

材料（3～4人份）

油菜花　1把（300g）

米　360mℓ（2杯）

壽司醋

｜醋　1/3杯
｜砂糖　1/4杯
｜鹽　1/2小匙

A｜高湯　1杯
　｜鹽　1/2小匙
　｜淡味醬油　1小匙

魩仔魚　1把

白芝麻　1大匙

做法

❶ 將米洗淨，用篩子撈起，放置30分鐘左右。倒入電子鍋後，加入壽司飯所須的水量炊煮。將壽司醋的材料混合備用。

❷ 油菜花浸水，撕掉薄皮後，以熱水汆燙。接著浸入冷水中降溫（參照P.32），冷卻後擠掉水分。將菜梗切成1cm長。

❸ 於料理盆混合A，加入❷，靜置20分鐘左右。擠掉汁液，將菜梗與花苞分開。

❹ 米飯煮好後，移至壽司飯桶或較大的碗盆中，澆淋壽司醋，以劃切方式混合並放涼。降至與皮膚差不多的溫度時，再加入油菜花梗、魩仔魚、白芝麻，以劃切方式混合。盛盤後，撒入油菜花苞。

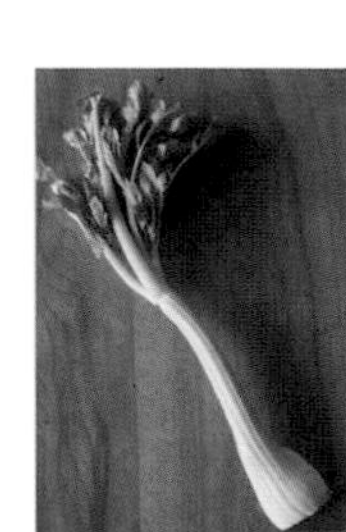

芹菜

獨特的香氣
會讓人上癮

五月×日

鹽揉芹菜

做法很簡單，但若水用洗過頭會洗掉芹菜的香氣，擠太多檸檬汁則會蓋過芹菜的味道，因此其中的拿捏比想像中困難。我家會在吃燒烤或BBQ時，將鹽揉芹菜與肉類一同享用。油膩的肉味之後能嘗到芹菜爽口清淡的風味，兩者非常相搭。在白身魚或青銀色魚的冷盤料理擺上些許鹽揉芹菜，就成了一道美麗佳餚。

五月×日

醃泡芹菜花枝

芹菜與花枝是我一定會搭配的組合。除了醃泡處理外，也很適合熱炒。另外我也很喜歡做成什錦天婦羅。柔軟的花枝搭配芹菜爽脆的口感實在很棒。做法中雖然是將花枝快速汆燙，其實也可以用花枝生魚片搭配。

鹽揉芹菜

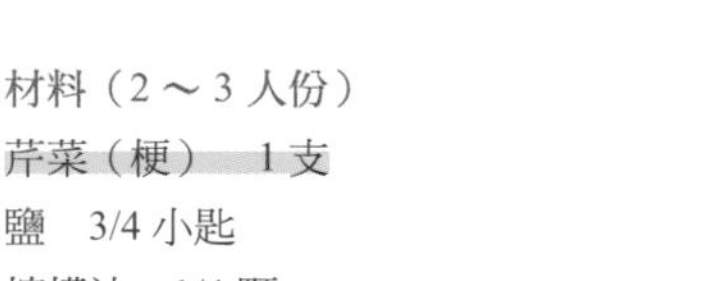

材料（2～3人份）
芹菜（梗） 1支
鹽 3/4小匙
檸檬汁 1/4顆

做法

❶ 將芹菜用刨絲器刨成薄片（如圖）。撒鹽搓揉後，靜置出水。

❷ 出水後，稍微水洗，擠掉水分，放入料理盆。加入檸檬汁拌勻，稍微瀝掉湯汁後，即可盛盤。

醃泡芹菜花枝

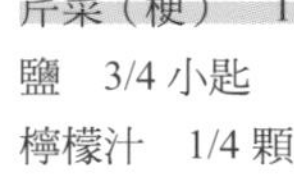

材料（2～3人份）
芹菜 1根（200g）*
花枝片（生魚片用） （小）2塊（140g）

A
- 白酒醋 2小匙
- 橄欖油 1大匙
- 鹽 1/4小匙
- 胡椒 少許

*帶葉的份量。切下的芹菜葉可使用於P.35的「芹菜歐姆蛋」等料理。

做法

❶ 芹菜去絲，切成5cm長，接著縱切成薄片。

❷ 花枝去皮後，切成4cm長，2cm寬的短籤狀。放入熱水快速汆燙，用篩子撈起瀝乾。

❸ 將❶、❷放入料理盆，依序加入A的材料並混拌，放置20分鐘左右。待芹菜變軟即可享用。

五月×日

芹菜歐姆蛋

我喜歡甜一點的雞蛋料理，但芹菜歐姆蛋適合做成鹹的。無論是芹菜的香氣或鮮豔的綠色皆與雞蛋非常相搭。自從我開始做此料理後，就不會再剩下芹菜葉了。我女兒很喜歡這道歐姆蛋，因此也成了便當裡常出現的菜色。另外還可夾入吐司做成三明治。若要做成下酒菜，則可加起司後再煎，也相當美味。

芹菜歐姆蛋

材料（2～3人份）

芹菜葉　3支（約90g）
雞蛋　3顆
醬油　1小匙
鹽　1/4小匙
米糠油　適量

做法

❶　切碎芹菜葉。
❷　將蛋敲入料理盆，打散後與醬油混合。
❸　倒2小匙米糠油於平底鍋加熱，拌炒❶。變軟後，撒鹽，並加入❷中混合。
❹　倒2小匙米糠油於平底鍋，以稍強的中火加熱，一口氣倒入❸的蛋液，大幅度攪拌加熱。差不多半熟時，讓歐姆蛋靠向平底鍋單側，並利用鍋身弧度，塑出像是對摺一半的形狀。接著倒扣平底鍋，將歐姆蛋盛盤。

當季才有的味道，
連皮汆燙後品嚐。

竹筍

關於竹筍

進入產季時，鄰居們就會將竹筍送至我家玄關前面。當裝有竹筍的袋子堆積如山時，我就會發出滿是享受的讚嘆。拉出大鍋子，不停汆燙這些竹筍。收到很多竹筍時，我雖然會贈送給朋友們，但大家似乎不是很想要生的竹筍，在那之後，我就會將竹筍汆燙後，再分送出去。

汆燙竹筍很簡單，但汆燙的時間、放冷的時間，再加上浸水去除最後澀味，加起來幾乎需要2天，因此不少人都覺得麻煩。不過，剛汆燙起鍋的竹筍可是充滿香氣，嫩筍衣與筍尖微甜軟嫩，筍塊咀嚼起來則富含口感。汆燙看起來很大的竹筍，剝皮後卻會驚訝地發現，唉呀怎麼變這麼小。或許是因為有外殼一層層地包覆，才能讓竹筍的白嫩如此亮澤美麗。

兩種前置處理法

生竹筍的鮮度非常重要，因此要挑選根部切口沒有變色的竹筍，並趁還沒出現澀味前趕緊汆燙。

向各位介紹兩種前置處理法。汆燙後能去澀，味道與香氣也會變得柔和，可以煮湯、做什錦飯、滷物等。用烤的話雖然多少還是會殘留澀味，卻能品嚐到濃郁風味及香氣，因此很適合做成炸物。調理方法其實很多，初學讀者們不妨參考看看。

這是桂竹筍。

前置處理 1（汆燙）

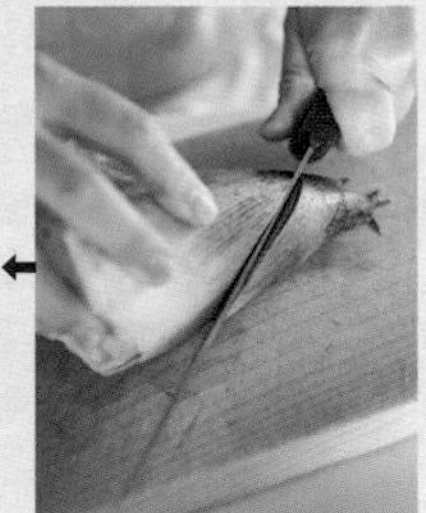

❶ 連殼洗淨竹筍，稍微切掉下方，剝掉 3～4 片筍殼，接著斜切掉頂部。

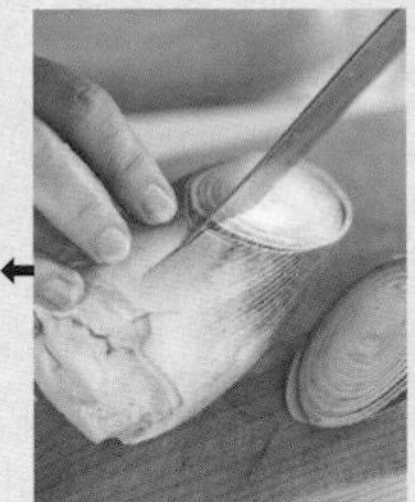

❷ 縱向劃入 1 刀，汆燙後將更容易剝除筍殼。

❸ 放入鍋中，倒入差不多能蓋過竹筍的洗米水，或是加入水及 1 把米糠，開火加熱。

❹ 調整至不會沸騰溢出的火候，蓋上防溢料理紙避免竹筍浮起，汆燙約 40～50 分鐘，直到竹筍變軟。用竹籤穿刺竹筍底部，若煮軟到能夠輕鬆插入，即可關火，並置於汆燙的水中放涼。

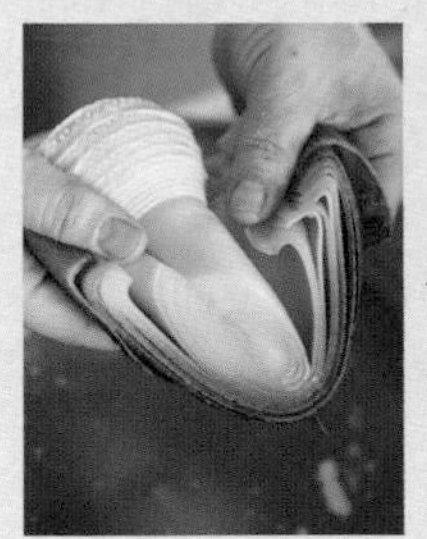

❺ 變涼後，剝除外殼，稍微沖洗，浸於大量水中一晚。浸水並放入冰箱冷藏，期間換水 1～2 次的話，就能存放 1 週左右。

前置處理 2（烤箱烘烤）

❶ 清洗竹筍，連皮放入預熱 200℃的烤箱，烘烤 30～40 分鐘，燜烤殼中的竹筍。

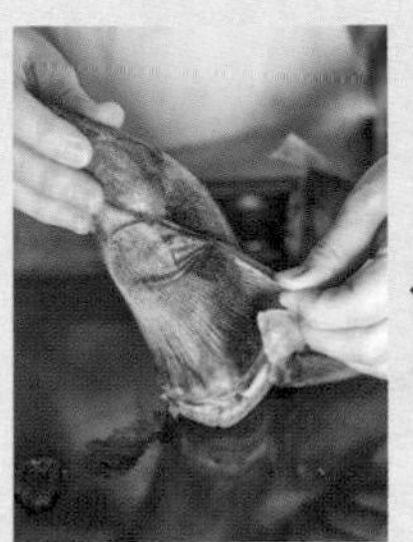

❷ 竹籤要能輕鬆插入竹筍底部。放置降溫，變涼後剝除筍殼。

竹筍粥

邊處理還能煮成粥？

工作人員跟我說，「吃了和汆燙竹筍一起煮的米飯後，發現並沒有澀味，比想像中好吃」，於是我立刻嘗試邊汆燙、邊煮粥的做法。

筍殼帶有髒污，因此要剝除所有外殼。取 1 支小竹筍，剝除外殼後，對半縱切，放入鍋子當中，並加入 1/2 杯（100㎖）的米、不用蓋過所有食材的水量、2 撮鹽，開火加熱，以小火將竹筍汆燙煮軟。若水量在變軟前有不足的情況，就須隨時加水。竹筍變軟後，取出切成薄片，並擺放於裝有米粥的器皿中。享用前，再依個人喜好，放入一些用 1 小匙醬油漬山椒粒碎末與 1 大匙芝麻油調配而成的調味料。剩餘的竹筍也已去除澀味，因此可運用在其他料理上。

四月×日

竹筍飯

加入糯米能讓白飯與竹筍結合在一起，呈現絕佳狀態。餐桌上若出現竹筍飯，我就一定會搭配味噌湯與漬物。

竹筍飯

材料（3～4人份）
竹筍（已汆燙） 1支（200g）
米 360mℓ（2杯）
糯米 1把
豆皮（切絲） 1/2片
胡蘿蔔（切絲） 1/3根
A ｜淡味醬油 1又1/2大匙
　｜鹽 1/2小匙
山椒芽（如果有的話） 適量

做法

❶ 白米和糯米一起清洗，用篩子撈起，靜置30分鐘左右。

❷ 竹筍對半縱切，將筍塊與筍尖切開。筍塊橫切成薄片，接著切成4等分的放射狀。筍尖則是縱切成薄片。

❸ 將❶的米倒入電子鍋，加水至2杯米的刻線處，接著加入A。擺入❷與豆皮、胡蘿蔔後開始炊煮。煮熟後輕輕混合，盛裝於器皿，並佐上山椒芽。

四月×日

竹筍春捲

大獲好評的春捲。竹筍烤過直接吃的話，還是會稍微帶點澀味。如果做成春捲油炸，可讓人忽略這股澀味，再加上竹筍的味道較濃，表現完全不輸給油炸。用絞肉、火腿或蝦子來替代食譜中的扇貝柱也相當美味。

竹筍春捲

材料（4根）
竹筍（已烤熟） （小）1支（100g）
扇貝柱（罐頭／水煮） （小）1罐
春捲皮 4片
麵粉、水 各適量
炸油 適量

做法

❶ 將竹筍切成3cm長、7～8mm寬的條狀。扇貝柱瀝掉湯汁。

❷ 混合麵粉、水，調成濃稠狀。

❸ 在春捲皮擺放1/4的竹筍，呈細長狀，並擺放1/4的扇貝柱（如圖）。用較靠近自己的春捲皮覆蓋食材，將兩側摺入，在邊緣塗抹❷並捲起，讓邊緣確實黏合。剩餘的春捲也以相同方式製作。

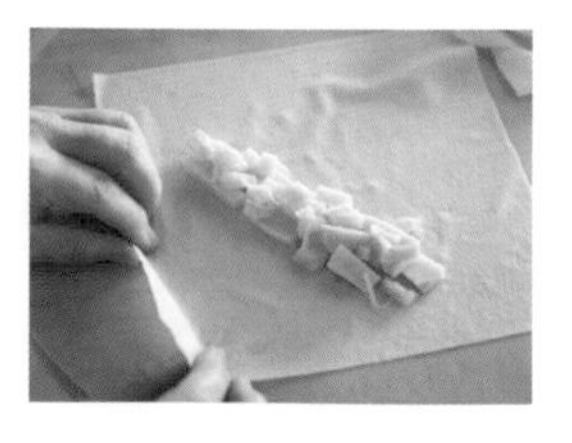

❹ 將❸放入170℃的炸油，炸至春捲皮變酥脆。

六月×日

桂竹筍滷小魚乾

用小魚乾的鮮味來滷竹筍。竹筍放涼的過程能更加入味，因此比起煮好後立刻食用，建議可放涼後再加熱品嘗。

桂竹筍滷小魚乾

材料（2～3人份）

桂竹筍（已汆燙） 2支（400g）

高湯用小魚乾 8g

味醂、淡味醬油 各1大匙

做法

❶ 桂竹筍切成容易入口的大小。

❷ 將❶與高湯用小魚乾放入鍋中，加水，但無須整個蓋過食材，加熱烹煮。煮滾後，加入味醂與淡味醬油，蓋上防溢料理紙，以較弱的中火燉煮約20分鐘。關火後靜置放涼，要享用時再加熱盛盤。

六月×日

桂竹筍酸辣湯

農家的人雖然跟我說桂竹筍不用汆燙，可以直接下鍋煮味噌湯，但我就算煮了20分鐘，澀味仍充滿整個口中，嘴巴正說著「還是汆燙一下比較好吧……」的同時，澀味竟瞬間消失無蹤了。看來就算很新鮮，有時還是要看看竹筍的心情呢。做法中烹煮的時間為15分鐘，各位還是必須依情況調整。

桂竹筍酸辣湯

材料（2～3人份）

桂竹筍 （小）3支＊

豬碎肉片 80g

大蒜（切丁） 1瓣

A
- 雞高湯調味粉顆粒（中式）
- 魚露 各1小匙
- 鹽 1/4小匙
- 水 3杯

米糠油 1大匙

醋、黑胡椒（粗粒） 各適量

＊若是汆燙竹筍，則使用（小）1支。

做法

❶ 將桂竹筍去殼，切掉較硬的部分，接著細切成7～8cm長。

❷ 豬肉太大塊的話，可切成1.5cm寬。

❸ 將米糠油與❶倒入鍋中，慢火熱炒（如圖）。筍子變軟後，加入豬肉與大蒜繼續拌炒，當肉變色，再加入A，並烹煮15分鐘左右。盛裝於器皿，加點醋、撒入大量黑胡椒。

《春季的香味蔬菜》

蜂斗菜花

三月×日 味噌蜂斗菜花

材料（容易製作的份量）
蜂斗菜花　7～8顆
砂糖、味噌　各1大匙
米糠油（或芝麻油）
　1大匙

做法
❶　將蜂斗菜花切大塊後浸水，用篩子撈起瀝乾。
❷　於平底鍋倒入米糠油加熱，放入蜂斗菜花，熱炒至蜂斗菜花變得油亮。炒軟後，依序加入砂糖、味噌，拌炒至變黏稠。

蜂斗菜

四月×日 蜂斗菜莖燉豆皮

材料（2～3人份）
蜂斗菜莖（已汆燙／參照下記）　4根
豆皮　1片
高湯　2杯
A｜淡味醬油　1小匙
　｜鹽　1/2小匙

做法
❶　蜂斗菜莖斜切成7～8cm長。豆皮對半縱切，接著切成1cm寬。
❷　將❶與高湯倒入鍋中，並加入A，蓋上鍋蓋烹煮。菜莖變軟後關火，品嘗時再加熱盛盤。

汆燙蜂斗菜莖
①將蜂斗菜莖切成能放入鍋中的長度，撒入大量的鹽，並在砧板上滾動搓揉（圖a）。
②連同鹽一起放入熱水汆燙，變軟後，改浸冷水降溫，接著撕皮（圖b）。撕完皮後再浸入水中，存放時同樣須浸水。偶爾換水，可存放冰箱冷藏1週左右。

a

b

四月×日 佃煮蜂斗菜葉

材料（容易製作的份量）
蜂斗菜葉　4根
A｜高湯　1/4杯
　｜醬油　2大匙
　｜蔗糖　1大匙
柴魚片　1包
米糠油　2小匙

做法

❶　熱水汆燙蜂斗菜葉，莖葉相接處變軟時，改浸冷水。浸水30分鐘左右，過程中須換水。切成小塊，擠掉水分。
❷　於平底鍋倒入米糠油加熱，拌炒❶。蜂斗菜葉變油亮時，再加入A，偶爾翻炒，炒燉至湯汁收乾。關火，加入柴魚片拌勻。存放冰箱冷藏，1週內食用完畢。

五月×日

蒜味嫩煎珠蔥

五月×日

醋味噌風味珠蔥

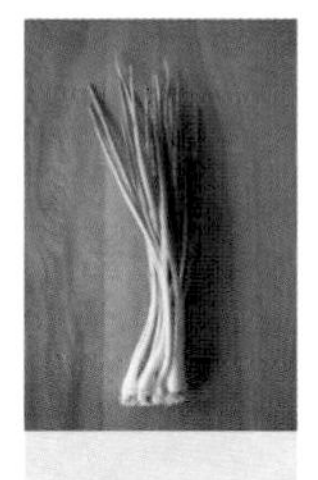

珠蔥

材料（2～3人份）

珠蔥　1把（150g）

大蒜（切片）　1瓣

鹽　1撮

魚露　少許

橄欖油　1大匙

做法

❶　珠蔥切成5cm長，區分出蔥白、莖、葉幾個部分。

❷　將橄欖油、大蒜、蔥白倒入平底鍋，以小火加熱。飄出香氣後，再依序加入珠蔥莖、葉拌炒。炒軟後，加鹽、魚露調味。

材料（2～3人份）

珠蔥　1把（150g）

醋味噌

白味噌、醋　各2大匙

砂糖　1大匙

做法

❶　將珠蔥的莖葉切開。

❷　於鍋中煮水，沸騰後放入莖的部分汆燙。稍待片刻後，再放入葉的部分稍微汆燙，以濾網撈起，放涼（無須浸水）。

❸　放涼後，切成5～6cm長，盛裝於器皿，澆淋調配好的醋味噌，拌勻品嘗。

番茄

可以做成沙拉，
也可加熱料理。
運用方法相當多樣

番茄煎過後，會讓甜味增加且變得多汁。

關於番茄

我喜歡外皮較硬的番茄。咬下時，柔軟果肉從中溢出的感覺令人無法招架。

長大後，我才開始用各種調理方法來享用番茄。當我還小時，餐桌擺出冰冷番茄是很稀鬆平常的。但就在日本也開始可以品嘗到正宗義式料理，以及實際前往義大利旅遊後，才驚覺加熱過的番茄竟是如此美味。

曾經有人跟我說，番茄果臍處如果能夠清楚看見放射狀筋脈，就表示這顆番茄很好吃。雖然我也不知道正不正確，但每次買番茄時，我都會看有無放射線來選購。

用小番茄做番茄乾

我會在一大清早將小番茄切半、去籽，日照曝曬成番茄乾。曝曬半天的話，番茄還會保留些許水分，因此就算做成番茄乾，口感仍相當軟嫩。曬好後，女兒就會立刻丟入口中做為零食享用。

取出的小番茄籽可以煮湯或放入味噌湯中，亦可搭配洋蔥碎末及調味料製成淋醬，非常好吃。

我還會將番茄乾與火腿、鯷魚、橄欖油、起司等鹹味食材搭配，做成沙拉或三明治。

番茄乾

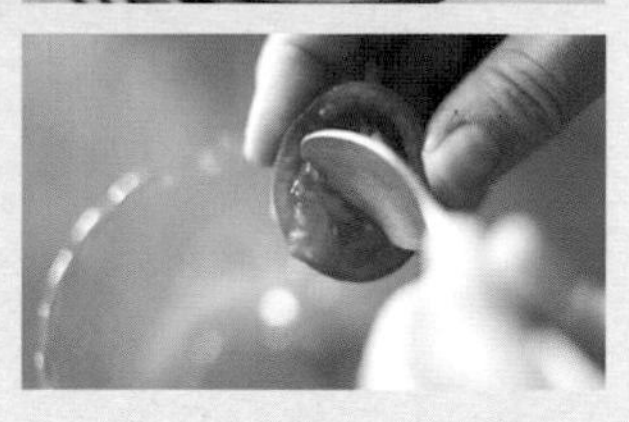

取適量小番茄去除蒂頭，對半橫切，用湯匙挖掉番茄籽（右圖）。切口朝上排列於篩子，日照曝曬半天左右。盛裝於器皿，撒少許鹽，澆淋適量橄欖油後即可享用。

夏天結束時，可將番茄水煮保存

來到夏季尾聲時，直銷所經常可以看見長太大、皮裂開的巨無霸番茄。我可是引頸等待這些番茄的現身，於是都會大量購入，做成水煮番茄保存。充分煮到軟爛，能讓番茄風味整個變濃郁。將這些番茄裝入玻璃罐保存，再取出加工成湯品或醬料享用。若想長時間存放，則建議放入冷凍用保鮮袋中，置於冰箱冷凍。

水煮番茄

❶ 取適量全熟番茄，挖掉蒂頭，切成大塊，放入較厚的鍋中加熱。開始發出咕嘟咕嘟的沸騰聲時，蓋上鍋蓋，以較弱的中火烹煮 10 ～ 15 分鐘。接著拿起鍋蓋，再以較強的中火煮到收汁。

❷ 當番茄煮到剩下原本一半的份量，且變黏稠時即可完成。加入些許的鹽，倒入乾淨的玻璃罐中保存。

五月×日

番茄吐司

買到紅通通的番茄時，我就會想要做番茄吐司來享用。直接擺上切好的番茄，大口咬下，若是全熟的番茄，我喜歡將切口與吐司摩擦，讓大量番茄汁液滲入吐司後再品嘗。若是較硬的番茄，則會先煎到變軟爛後，再擺滿整片吐司。無論哪種做法都能鎖住番茄的多汁美味，重點在於要讓吐司吸收番茄汁液後享用。

五月×日

番茄沙拉

這是道能品嘗新洋蔥的柔和辛辣，以及番茄酸味與鮮味的沙拉，並用充滿青草香的巴西里來提味。無論是稍微拌勻，還是靜置一段時間等入味後再品嘗，都帶有各自的美味。

番茄吐司

材料（1 人份）

中型番茄　2 顆（160g）

吐司（厚片）　1 片

鹽　3 撮

黑胡椒（粗粒）　少許

橄欖油　適量

做法

❶　挖掉番茄蒂頭，橫向輪切成 3 等分。將吐司烤過。

❷　於平底鍋倒入 1 大匙橄欖油加熱，排入番茄，撒鹽，依喜好熱煎兩面（如圖）。擺放於吐司上，撒點黑胡椒，澆淋少許橄欖油。

番茄沙拉

材料（2 ～ 3 人份）

水果番茄（指高甜度的番茄）　5 顆（350g）

新洋蔥（或普通洋蔥）　1/4 顆

淋醬

- 鹽　2 撮
- 白酒醋　1 小匙
- 橄欖油　1 大匙

平葉歐芹（切碎末）　少許

做法

❶　將番茄對半縱切，去除蒂頭，較大顆者則再切半。

❷　新洋蔥縱切成薄片（普通洋蔥則須浸水後，擠掉水分）。

❸　將調配淋醬用的鹽、白酒醋倒入料理盆混合，待鹽溶解後，加入橄欖油充分攪拌。接著加入❶、❷、平葉歐芹拌勻。

五月×日

番茄炒豬肉

這道熱炒料理中，洋蔥炒過之後的甜與魚露的味道會結合成鹹甜風味，讓番茄成為下飯的配菜。若薑味充分發揮，似乎能讓整體風味更加一致，與酒類也非常契合。很推薦做為啤酒的下酒菜。

材料（2～3人份）

番茄　（小）4顆（400g）
豬肉薄片　100g
洋蔥　1/2顆
薑（切絲）　1塊
鹽　適量
魚露　1小匙
胡椒　少許
米糠油　1大匙

做法

❶ 番茄去除蒂頭，縱切4等分。豬肉切成3cm長，洋蔥切成2cm寬的半月條形並一片片剝開。

❷ 將米糠油倒入平底鍋加熱，放入豬肉，撒少許鹽熱炒。豬肉變色後，先取出備用。

❸ 接著將洋蔥與薑倒入平底鍋，撒些許鹽，將洋蔥炒到變透亮，加入番茄，再撒入少許的鹽拌炒。番茄稍微變軟後，接著倒入豬肉，以魚露調味，撒點胡椒，稍微翻炒。

七月×日

醃泡番茄水蜜桃

番茄的甜與水蜜桃的甜，將兩種不同的甜味相結合。無論是剛混拌完成，或放置一段時間入味，皆相當美味。在夏天，我很常用這道醃泡料理來取代甜點。若要做成小菜，稍微撒點黑胡椒亦是美味。

醃泡番茄水蜜桃

材料（2～3人份）
小番茄　10顆
水蜜桃　1顆
鹽　1撮
蜂蜜、白酒醋　各1小匙

做法
❶　將小番茄去除蒂頭，對半縱切，較大顆者則縱切4等分。放入料理盆，撒鹽混合。
❷　水蜜桃稍微浸熱水後，剝皮。將果肉切成與小番茄一樣大。
❸　將❷、蜂蜜、白酒醋加入❶中拌勻，放置冰箱冷藏。

七月×日

番茄飯

用水煮番茄做成的什錦飯。番茄帶酸甜風味及鮮味，因此烹煮時的調味料只需要鹽。準備餐盤料理時，孩子們只要看見有紅紅的番茄飯就會很開心。烤肉時，將番茄飯捏成小飯糰，再用橄欖取代醬菜擺放於側，就連正在喝酒的大人也會拿來吃。

番茄飯

材料（3～4人份）
米　540mℓ（3杯）
水煮番茄（參照P.43）　1杯
鹽　1小匙

做法
❶　將米洗淨，用篩子撈起，放置30分鐘左右。
❷　將米倒入電子鍋，加入水煮番茄、鹽，以及360mℓ的水（米量的2/3）後炊煮。
❸　煮熟後，稍微混拌。亦可捏成飯糰。

無論是帶生的口感，還是完全煮爛，都非常美味

—茄子—

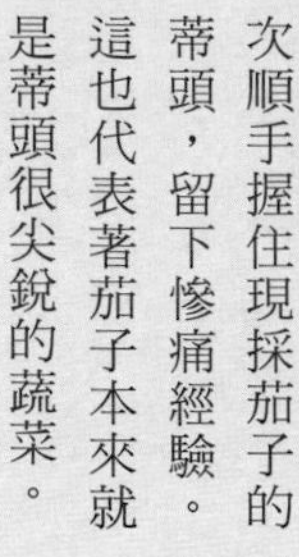

關於茄子

要挑選外皮緊實且帶光澤的茄子。蒂頭上的刺狀處要尖銳，才代表夠新鮮。我曾經好幾次順手握住現採茄子的蒂頭，留下慘痛經驗。這也代表著茄子本來就是蒂頭很尖銳的蔬菜。

進入深秋之際，茄子的皮可能會比較硬。這時可削皮後再料理。保存則可用報紙捆包，放入塑膠袋並置於冰箱冷藏。直接擺放冷涼處會使茄子皺掉，因此須特別留意。

茄子的前置處理

新鮮的茄子蒂頭可用燉、蒸等方式充分加熱，煮軟後就很美味。蒂頭處的皺褶口感不佳，因此可以邊注意尖刺，邊整圈削掉。勿切掉整塊蒂頭，而是盡可能地保留茄子肉。

切好茄子後，若會立刻加熱或調味，我建議無須去澀處理。油炸時，我會先浸水再炸，如此一來將能避免茄子吸收過多油分。

削掉整圈蒂頭。

鹽漬小茄子

取300g小茄子，切掉蒂頭前端比較硬的部分，接著一邊用手指按壓，一邊削掉一圈。與9g（茄子重量的3%）的鹽一同放入塑膠袋，從上不斷搓揉，擠出空氣，綁緊開口。放置半天就能享用。

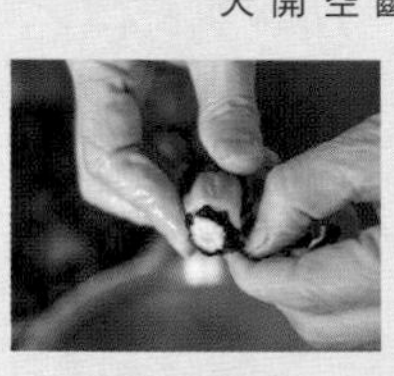

（右）一口大小的小茄子。主要會用來做成醃菜。
（左）還有長度達30㎝的長茄子。我第一次看見時，可是被那長度給嚇到。無論是茄子皮或肉都很柔軟。料理方法同千兩茄子（右上圖）。

七月×日

味噌拌茄子

介紹各位一道簡單料理。食慾不振時，可做為白飯的配菜。用茄子與帶香氣的青椒及蘘荷相搭，只須拌味噌調味。辣味或甜味等不同口味的味噌，還能呈現出不同的滋味。

七月×日

香煎茄子三明治

茄子煎過會變軟爛，口感就像肉一樣，因此也很適合夾入吐司中。除了酸豆外，還可使用橄欖、酸黃瓜等佐料加強風味，如此一來將能更加突顯出茄子的鮮味。

香煎茄子三明治

材料（1 人份）

茄子　2 支
吐司（8 片裝）　2 片
火腿片　1 片
酸豆　1 ～ 2 大匙
鹽　少許
美乃滋　適量
米糠油　2 大匙

做法

❶　切掉茄子蒂頭前端，並削掉一圈。縱切成 5mm 厚。
❷　將米糠油倒入平底鍋加熱，排入❶（圖 a），兩面煎到帶焦後，撒些許鹽。
❸　吐司稍微烤過。1 片塗抹美乃滋後，疊放茄子，撒點酸豆，接著鋪上火腿（圖 b）。蓋上另 1 片吐司，從上按壓固定，切成容易入口的大小。

a

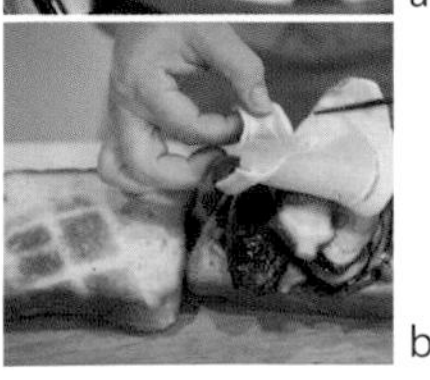

b

味噌拌茄子

材料（2 ～ 3 人份）

茄子　1 支
青椒　1 顆
蘘荷　1 顆
薑（磨泥）　少許
味噌　1 大匙

做法

❶　切掉茄子蒂頭前端，並削掉一圈。對半縱切後，再橫切成 5mm 寬。青椒去除蒂頭與籽後，橫切成 5mm 寬。蘘荷對半縱切，接著橫切成薄片。
❷　將❶放入料理盆，加入薑與味噌，輕輕搓揉拌勻。

八月×日

茄子佐酥脆魩仔魚

將茄子稍微撒點鹽，與帶鹹味的魩仔魚一起澆淋熱騰騰的油，讓茄子變軟後享用。茄子無論是用蒸的還是煎的，都一樣美味。各位一定要嘗試看看茄子的軟嫩，加上魩仔魚的口感及香氣。

八月×日

涼拌炸茄子

為了避免茄子油炸時吸收過多油分，可先將茄子浸水，確實拭乾水分後，再以高溫快速油炸。當切口處炸到變色時，即可起鍋。撈起茄子，瀝油瀝到只會偶爾滴油時，再放入沾麵醬油中。茄

涼拌炸茄子

茄子佐酥脆魩仔魚

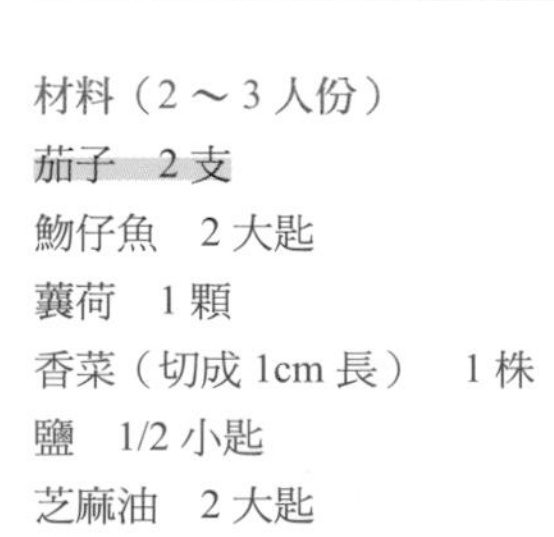

材料（2～3人份）

茄子　2支
魩仔魚　2大匙
蘘荷　1顆
香菜（切成1cm長）　1株
鹽　1/2小匙
芝麻油　2大匙

做法

❶ 切掉茄子蒂頭前端，並削掉一圈。對半縱切後，斜切成薄片。浸水5分鐘去澀。蘘荷同樣對半縱切後，斜切成薄片。

❷ 將瀝乾的茄子放入料理盆，撒鹽，加入蘘荷後輕輕混拌。稍微瀝掉水分並盛裝於器皿。

❸ 將芝麻油與魩仔魚倒入平底鍋並加熱，魩仔魚炒到酥脆，立刻連同熱油澆淋在❷上（如圖），最後擺放香菜。

子裡的炸油能展現出濃郁風味。

材料（2～3人份）
長茄子＊　3支（360g）
蔥（切小丁）　10cm
薑（切絲）　（大）1塊
沾麵醬油＊＊　1杯
炸油　適量

＊圓茄子則準備4顆。
＊＊沾麵醬油做法（容易製作的份量）
取125mℓ的味醂倒入鍋中煮沸，混合同量的醬油，並加入1ℓ高湯。

做法

❶　切掉茄子蒂頭前端，並削掉一圈。切成3cm長，浸水5分鐘左右。

❷　沾麵醬油倒入料理盤。蔥、薑浸水後瀝乾。

❸　將完全拭乾水分的茄子放入170℃的炸油。炸到切口稍微變色（圖a）後，立刻浸入沾麵醬油中，偶爾翻面，讓醬汁入味（圖b）。盛裝於器皿，擺上❷的蔥、薑。

a

b

八月×日

茄子炒蘘荷

在簡單的鹽炒茄子豬肉中，添加蘘荷做點綴。或許是放了蘘荷的關係，竟讓風味整個變得爽口。蘘荷炒太久會失去味道，因此只要在起鍋前放入，稍微加熱即可。

茄子炒蘘荷

材料（2～3人份）
茄子　3支
蘘荷　2顆
豬肉薄片　100g
鹽　適量
胡椒　少許
米糠油　2小匙

做法

❶　切掉茄子蒂頭前端，並削掉一圈。對半縱切，接著斜切成1cm寬。蘘荷對半縱切後，斜切成薄片。

❷　豬肉切成3cm長。

❸　將米糠油倒入平底鍋加熱，排入豬肉，撒2撮鹽熱煎。豬肉差不多快熟時，加入茄子拌炒，將茄子炒軟，再加入蘘荷稍微翻炒，撒1/2小匙鹽、胡椒後起鍋。

七月×日

茄子雜燴飯

茄子切了之後，就要立刻加鹽。除了防止褪色外，先調點味再與白飯一起炊煮，就能避免風味流失。成了大蒜的氣味、油的濃郁、橄欖的鹹味組合缺一不可的米飯料理。

七月×日

茄子滷豬肉

用滷汁直接燉煮茄子，當茄子變軟後，再與肉結合，就能滷到更加軟嫩。將茄子皮劃刀之後再滷，能吸附更多的鹹甜湯汁，使茄子變得濕潤，也更加美味。擺在剛煮好的白飯上一起品嘗，可是會讓人不斷添飯。

茄子滷豬肉

茄子雜燴飯

材料（3～4人份）

茄子　3支

米　360mℓ（2杯）

紅心橄欖＊　12顆

大蒜（壓碎）　1塊

巴西里（切碎末）　少許

鹽　1又1/2小匙

橄欖油　2大匙

＊橄欖去籽，裡頭塞入紅甜椒。

做法

❶　將米洗淨，用篩子撈起，放置30分鐘左右。

❷　切掉茄子蒂頭前端，並削掉一圈。將皮削出條狀後，切成1.5cm塊狀，與鹽混合，靜置5分鐘左右。用手指將橄欖捏碎。

❸　將橄欖油、大蒜倒入平底鍋，以較弱的中火翻炒。當大蒜變色，即可將米倒入，炒至稍微透色後，放入電子鍋中。加水至2杯米的刻線處。

❹　瀝乾茄子的水分，擺放於❸的白米上，撒入❷的橄欖，以平常的方式炊煮。煮熟後，稍微混拌，撒入巴西里。

七月×日

炸茄子旗魚三明治

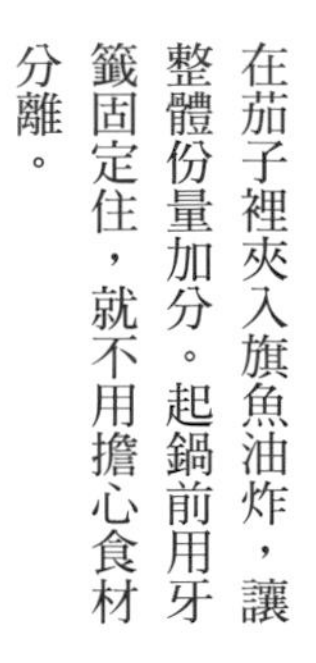

在茄子裡夾入旗魚油炸，讓整體份量加分。起鍋前用牙籤固定住，就不用擔心食材分離。

炸茄子旗魚三明治

a

b

材料（2～3人份）

茄子　3支

劍旗魚　2塊（140g）

A｜鹽　1/4小匙
　｜黑胡椒（粗粒）少許

麵衣

｜麵粉　適量
｜蛋液　1顆
｜麵包粉　適量

炸油　適量

中濃醬　酌量

做法

❶　將茄子的蒂頭削掉一圈，劃入切痕，切掉皺褶處。縱切4等分後，每2片一組。

❷　將1塊旗魚塊片成3片，撒上A。

❸　取1片❷夾入茄子之間（圖a），用2支牙籤固定。剩餘的食材也以相同方式處理，接著依序沾裹麵粉、蛋液、麵包粉，放入170℃的炸油，炸至酥脆（圖b）。拿掉牙籤後盛盤。可依喜好澆淋中濃醬品嘗。

材料（2～3人份）

長茄子＊　3支（360g）

豬肉薄片　120g

A｜雞高湯調味粉顆粒（中式）
　｜　1/2小匙
　｜熱水　2又1/2杯

砂糖　1又1/2大匙

醬油　2大匙

＊圓茄子則準備4支。

做法

❶　切掉茄子蒂頭前端，並削掉一圈。對半縱切後，將長度切成3等分。在皮上劃斜刀（圖a）。浸水5分鐘左右。

❷　將豬肉切成3～4cm長。

❸　瀝乾茄子的水分，放入鍋中，加入A烹煮。茄子變軟後，加入砂糖與醬油。將豬肉排在茄子上（圖b）。蓋上防溢料理紙，燉煮10分鐘。

a

b

八月×日

茄子蘘荷鍋

我好喜歡用茄子搭配蘘荷。不管是用炒的、用鹽搓揉、煮湯或火鍋，都會不自覺地挑選這樣的組合。到了秋天，敬請各位一定要品嘗看看加了香菇的茄子蘘荷鍋。由於夏天會想吃冰涼的東西，因此這時候吃火鍋，能把汗排出體內，讓身體變得舒爽。

麻婆茄子

材料（2～3人份）
長茄子＊ 3支（360g）
豬絞肉 200g
洋蔥（切碎末） 1顆
大蒜、薑（各別切成碎末） 各1塊
豆瓣醬 1/2小匙
A｜水 160mℓ
｜醬油、魚露、蠔油 各1小匙
｜鹽 1/2小匙
B｜太白粉 2小匙
｜水 1大匙
米糠油 適量
芝麻油 1小匙
＊圓茄子則準備4支。

做法
❶ 切掉茄子蒂頭前端，削掉一圈後，將皮削成條狀，滾刀切成大塊（圖a），並浸水5分鐘左右。
❷ 將1大匙米糠油、大蒜、薑放入平底鍋熱炒，飄出香氣後，加入豆瓣醬拌炒。醬汁融合後，再加入洋蔥炒軟。
❸ 加入絞肉，邊攤開邊拌炒，肉變色後，加入A烹煮3分鐘。用混合好的B勾芡，並暫時關火。
❹ 用另一支平底鍋加熱3大匙米糠油，排入拭乾水分的茄子（圖b），翻面熱煎整塊茄子。
❺ 茄子變軟後，再將❸加熱，倒入茄子稍微烹煮（圖c），起鍋前澆淋芝麻油。

茄子蘘荷鍋

材料（3～4人份）
茄子 2支
蘘荷 3顆
嫩豆腐 1/2塊（250g）
昆布（7～8cm長） 1片
鹽 1小匙
淡味醬油 1又1/2小匙

做法
❶ 將昆布與3～4杯水入鍋放置1小時。
❷ 切掉茄子蒂頭前端，削掉一圈後，縱切成6等分。蘘荷縱切成4等分。豆腐則是切成一口大小。
❸ 以較弱的中火加熱鍋子❶，快要煮沸前就先撈起昆布。加鹽、淡味醬油調味，並放入茄子烹煮。撈除浮沫，再依序加入蘘荷、豆腐，豆腐變熱後即可享用。

八月×日

麻婆茄子

將茄子與油類相組合，能讓茄子的紫皮充滿亮澤，果肉濕潤呈淡綠色，令人食指大動。夏天即將進入下半階段時，茄子皮會稍微變硬，因此這次的做法有將茄子皮削成條狀。果肉吸油後會變得相當軟嫩，能與碎肉醬充分結合。油煎或油炸後會使水分流失，茄子也會稍微變小，因此想讓茄子更有存在感時，就必須切大塊點再烹調。佐料蔬菜則使用了薑、大蒜，再加上大量洋蔥，讓麻婆的辣帶有洋蔥的甜味。

a

b

c

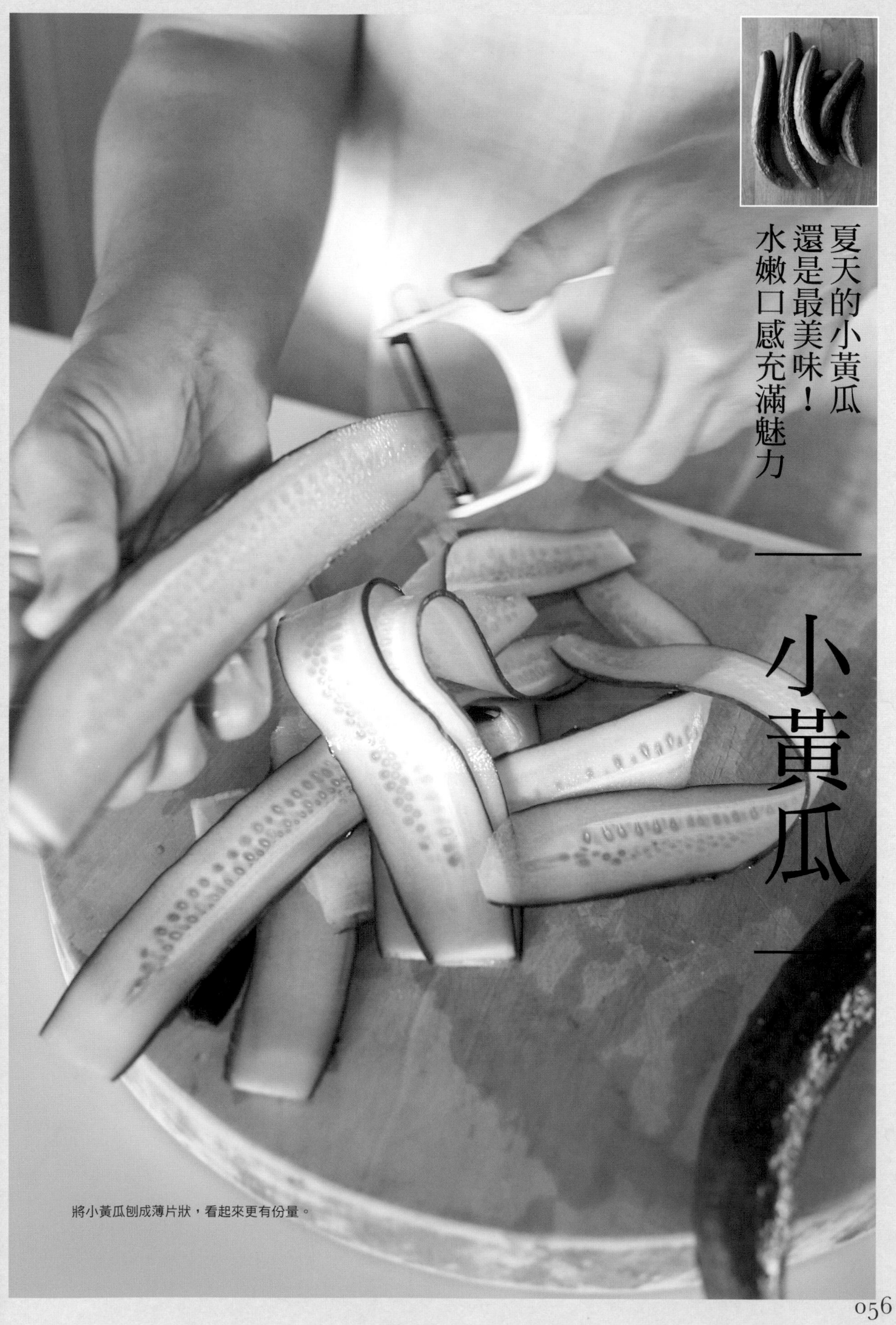

小黃瓜

夏天的小黃瓜
還是最美味！
水嫩口感充滿魅力

將小黃瓜刨成薄片狀，看起來更有份量。

關於小黃瓜

夏天就是要滿滿的小黃瓜。除了直接啃食，切絲、切細條、輪切、斜切、滾刀切等，不同的切法能改變口感，風味也會有所變化。前幾天，我將薄長小黃瓜片和火鍋肉一起放入高湯中涮一涮後，大獲好評。小黃瓜似乎也成了夏天吃火鍋不可或缺的食材。以前雖然大家都會說，小黃瓜表面要有果刺才新鮮，但最近其實也可以看見無果刺的品種。然而，果刺特徵非常明顯，名為四川小黃瓜的品種其實仍默默維持著高人氣。看來，小黃瓜的品種也相當繁多。

曬乾也好吃

小黃瓜雖然要盡早食用完畢，但若真的吃不完的時候，則可用來醃漬、做成滷物，有時還可切片曬乾，拉長保存期限。直接擺放冰箱冷藏的話，可能會皺掉或變苦，使美味迅速流失，因此須特別留意。

關於手搓小黃瓜

手搓小黃瓜須先將小黃瓜洗淨後，擺放於砧板上，撒入較多的鹽（圖❶），並用手按壓滾動（圖❷）。這樣能使小黃瓜顏色變鮮豔，去除生味。手搓後的小黃瓜可以拍扁、切成蛇腹狀，或是直接啃食，因此非常推薦各位用手搓方式處理小黃瓜。

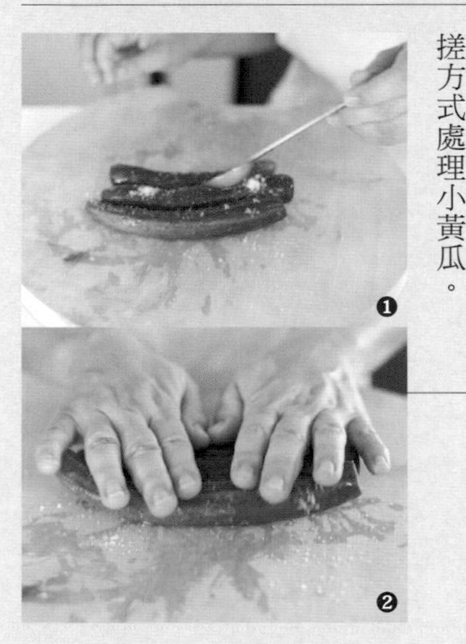

❶ ❷

山椒風味涼拌小黃瓜

取3條小黃瓜（小）撒鹽搓揉，放入塑膠袋中，靜置1小時使其變軟。用料理棒敲出裂痕，沿著裂痕剝成長4～5cm的塊狀。將2小匙的醬油漬山椒粒放入研磨缽，稍微壓碎（或用刀子剁碎），與小黃瓜拌勻。除了醬油漬山椒粒外，亦可使用柴魚片、白芝麻、梅乾、榨菜等帶味道的材料，讓小黃瓜風味更加突出。

七月×日

小黃瓜細絲

在責任編輯小愛的老家，據說這道料理會出現在每天的餐桌上。用大的器皿盛裝隆起的小黃瓜細絲。夾到自己的盤子裡，再依個人喜好，搭配調味料或佐料品嘗。這種家庭餐桌的光景，感覺真棒！切絲的話，每個人很快就能解決掉1～2根的小黃瓜，為夏天悶熱的身體降溫。

七月×日

酒粕小黃瓜

朋友每年都會給我一次酒粕，我會分成小包裝後冷凍。這麼一來，就算夏天也能立刻拿出酒粕使用，非常方便。用味噌取代醬油調味亦相當美味。拌好之後立刻品嘗最好吃，因此不適合做成常備菜。

小黃瓜細絲

材料（2～3人份）

小黃瓜（粗條）
　2條（300～400g）

醬油、醋、芝麻油　各適量

做法

❶ 用刨刀將小黃瓜斜刨成薄片，疊起小黃瓜片，從邊緣開始切細絲。

❷ 盛裝於容器，依喜好取用，澆淋醬油、醋或芝麻油，亦可撒點芝麻粉或柴魚片享用。

酒粕小黃瓜

材料（2～3人份）

小黃瓜　2條（200g）

鹽　1小匙

酒粕　1/2杯

A｜味醂　1大匙
　｜淡味醬油　1/2小匙

做法

❶ 將小黃瓜切成小塊，撒鹽搓揉，靜置片刻。

❷ 將酒粕與A倒入研磨缽，研磨混合。

❸ 稍微擠掉小黃瓜的水分，加入❷拌勻。

七月×日

條炒小黃瓜

使用迷你小黃瓜能比較快熟，也容易入口。和許多大蒜一起享用的話，啤酒也會一口接著一口，實在讓人很傷腦筋。炒了之後，覺得小黃瓜應該會和花椒的氣味很搭，於是放入了花椒。

條炒小黃瓜

材料（2～3人份）

迷你小黃瓜　7條（350g）

大蒜（壓碎）　3瓣

紅辣椒（切丁）　1/2根

花椒　1小匙

鹽　1/4小匙

米糠油　1大匙

做法

❶　小黃瓜去掉頭尾兩端。

❷　將米糠油與大蒜倒入平底鍋加熱，飄出香氣後，再加入紅辣椒與用手捏碎的花椒，接著加入小黃瓜拌炒。小黃瓜皮遇熱變色後，再撒鹽調味（如圖）。

八月×日

韓式小黃瓜乾拌菜

小黃瓜曬過之後味道會變濃郁，咀嚼上也更有口感。曝曬時間長短雖然會有差異，但基本上只要切出一定厚度，曬完的成品形狀漂亮，吃起來也很有嚼勁。曬過之後再添加調味料的話，就能很快入味。

做法

❶ 將小黃瓜切成1cm塊狀。紅洋蔥加鹽與醋混拌，靜置片刻。

❷ 用研磨缽稍微粗磨芫荽、孜然，或以刀子剁切，並與其他香料混合。

❸ 將❶放入料理盆混合，加入優格拌勻，盛裝於容器。澆淋橄欖油，撒入❷的香料，拌合後享用。

韓式小黃瓜乾拌菜

材料（2～3人份）

小黃瓜　2條（200g）

A｜芝麻油　1小匙
　｜鹽　2撮
　｜大蒜（磨泥）　少許

做法

❶ 將小黃瓜斜切成5mm厚，排列於篩子上。日照曝曬半天，使其變軟。

❷ 將❶放入料理盆，加入A，以手拌勻後，盛裝於容器。

八月×日

骰子沙拉

這是一道將所有材料切成塊狀後，再與優格混拌的沙拉，可用湯匙撈取品嘗。放入香料後，就成了帶有中東氣息的料理。夏天早上可以只用小黃瓜、優格、鹽、胡椒、橄欖油做成簡單的沙拉。每天都吃好多小黃瓜，所以根本沒有高溫不適的情況。

八月×日

小黃瓜細條沙拉

用刨刀將小黃瓜刨成像緞帶一樣的細片狀，再與蔥醬混拌享用。小黃瓜切薄片後看起來非常有份量，因此只剩1根小黃瓜時，非常推薦各位用刨刀刨成薄片或切成細絲。

小黃瓜細條沙拉

骰子沙拉

材料（2～3人份）

小黃瓜　1條（100g）

蔥鹽淋醬

- 蔥（切碎末）　10cm
- 蘘荷（對半縱切後切小塊）　1顆
- 薑（切碎末）　1小匙
- 鹽　1/3小匙
- 芝麻油　1大匙

做法

❶ 將鹽蔥醬的材料充分混合，放置30分鐘左右。

❷ 用刨刀將小黃瓜刨成長薄片。長度切半後，盛裝於容器，淋上❶。

材料（2～3人份）

小黃瓜　1條（100g）

紅洋蔥（切成1cm塊狀）　1/2顆

鹽　2撮

醋　2小匙

原味優格（無糖）　3～4大匙

橄欖油　2小匙

芫荽（粒）、孜然（粒）、紅椒粉、辣椒粉　各少許*

*若有香料，可依喜好添加。

八月×日

小黃瓜濃湯

我也推薦用小黃瓜製作湯品。這樣很快就能解決掉2根小黃瓜。用小黃瓜汁搭配高湯或豆漿做成湯品。不同的搭配食材，可做成日式或西式風味。我還喜歡加入優格。只要調味足夠，亦可用來做為麵的沾醬。

八月×日

梅滷小黃瓜

看見擺在直銷所裡，又粗又大的小黃瓜時，我的直覺立刻告訴我適合用滷的，於是用梅乾調味，做成清爽的燉物。做滷物時須削皮，這樣成品的顏色才會漂亮。我先生不吃烹調過的溫熱小黃瓜，他認為小黃瓜一定要冰冰涼涼的。所以我在炒小黃瓜時，會削皮去籽，這樣先生就不會立刻察覺，還吃了

小黃瓜濃湯

梅滷小黃瓜

材料（2～3人份）
小黃瓜　2條（200g）
高湯、豆漿（無調整）　各1杯
鹽　稍少於1/2小匙

做法

❶ 將小黃瓜切成適當長度，放入果汁機，加入高湯打碎。
❷ 加入豆漿、鹽，再次調理攪拌，試味道後，加入少許鹽（份量外）調味。

材料（2～3人份）
小黃瓜　2條（200g）
梅乾　（大）2顆
淡味醬油　1大匙

做法

❶ 用刨刀刨掉小黃瓜皮，切成4cm長。
❷ 將❶放入鍋中，加水至小黃瓜一半的高度，加入撕開的梅乾與淡味醬油（如圖），蓋上防溢料理紙，烹煮10分鐘左右，讓滷汁收剩一半。

不少下肚。製作滷小黃瓜時，可連同湯汁熱熱地享用軟嫩的小黃瓜，亦可放冷，等湯汁稍微變濃郁時品嘗。

八月×日

小黃瓜梭子魚壽司

在買菜途中，發現了魚店有賣剛曬好的梭子魚乾。於是我立刻嘗試和小黃瓜搭配，做成壽司。小黃瓜可以只用鹽搓揉，也可以搓完鹽後浸醋再使用。

小黃瓜梭子魚壽司

材料（3～4人份）

小黃瓜　1條（100g）

梭子魚乾　1片（約100g）

米　360mℓ（2杯）

鹽　適量

壽司醋

- 醋　4大匙
- 砂糖　2～3大匙
- 鹽　1/3小匙

白芝麻　2小匙

做法

❶　將米洗淨，用篩子撈起，放置30分鐘左右。

❷　將米倒入電子鍋的內鍋，加水至2杯米的刻線處，加熱炊煮。混合壽司醋材料備用。

❸　小黃瓜切成圓薄片，撒鹽搓揉，靜置片刻。

❹　用烤魚盤或烤網將魚乾兩面烤至酥脆，去除魚骨，搗碎魚肉。

❺　米飯煮好後，移至壽司飯桶或較大的碗盆中，澆淋壽司醋，以劃切方式混合並放涼。降至與皮膚差不多的溫度時，依序加入❹、白芝麻、完全擰掉水分的小黃瓜拌勻。

六月×日

魚露風味青椒炒竹輪

油炒過的青椒雖然會感覺變軟，但吃起來還是很爽脆。這個口感代表著可口的生味與油的鮮味契合，會令人筷子停不下來。光只有青椒雖然就很美味，但若要做成配菜時，我會放入竹輪等帶味食材。稍微加一點就能很有份量。

我女兒喜歡青椒，因此這是她常常要我準備的便當配菜。這麼漂亮的顏色，還能讓便當看起來很繽紛呢。

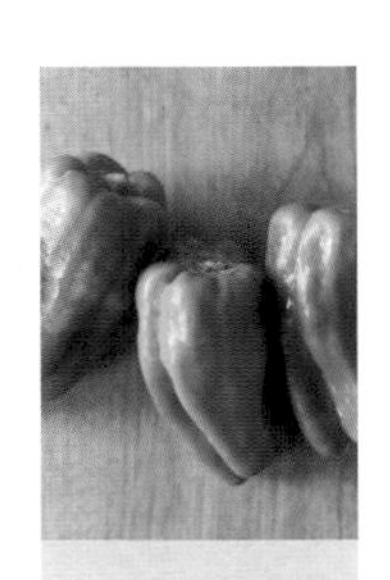

青椒

美味之處在於其獨特的生味

魚露風味青椒炒竹輪

材料（2～3人份）

- 青椒　5顆
- 竹輪　1條
- 魚露　1小匙
- 芝麻油　2小匙

做法

❶ 青椒對半縱切，去除蒂頭與籽，再縱切成細條狀。

❷ 竹輪縱橫分別切半，再縱切成細條狀。

❸ 將芝麻油倒入平底鍋加熱，翻炒❶、❷，青椒炒軟後，添加魚露調味。

六月×日

青椒封肉

將肉塞入整顆青椒中，品嘗起來可是嚼勁滿分。也無須擔心用切半青椒封肉時，肉餡和青椒分離的情況發生。我在做這道青椒封肉時，還不知道原來連籽吃掉整顆青椒也很美味。做法中雖然寫道「稍微切掉蒂頭，去籽，須保留整顆完好的青椒」，但青椒籽少或很小顆時，各位不妨直接連籽一起填塞肉餡。如此一來不僅更省事，塞肉餡也會變得更輕鬆。很在意青椒籽的讀者們當然還是可以選擇去籽。

青椒封肉

材料（5 顆）

青椒　5 顆

肉餡

- 混合絞肉　200g
- 洋蔥（切碎末）　1/4 顆
- 蛋液　1/2 顆
- 醬油　1 小匙
- 鹽　2 撮
- 胡椒　少許

麵粉　少許

米糠油　1 大匙

中濃醬　酌量

做法

❶　稍微切掉蒂頭，去籽，須保留整顆完好的青椒。於內側撒麵粉（圖 a）。上蓋（切下的部分）內側也須撒麵粉。

❷　將肉餡所有材料放入料理盆，用手混合使餡料變黏。分成 5 等分，填塞入青椒中（圖 b），再用❶的上蓋蓋住。

❸　將米糠油倒入平底鍋加熱，排入❷，翻煎整顆青椒，蓋上鍋蓋（圖 c），以較弱的中火燜燒。當青椒變軟，用竹籤插肉餡會流出透亮湯汁時，即可起鍋。盛裝於容器，依喜好澆淋醬汁享用。

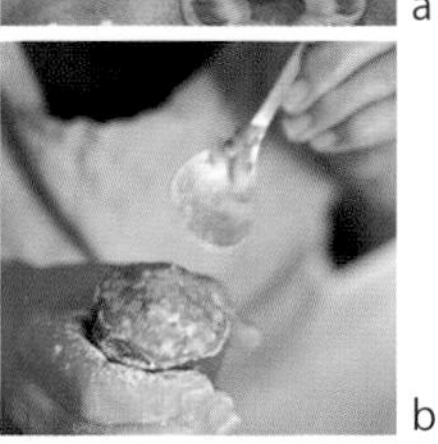

a

b

c

六月×日

番茄佐甜椒醬

將甜椒切小塊，與洋蔥及甜醋拌成醬汁。這是我在夏天會做很多次的心愛料理，與浸熱水去皮的番茄更是契合。連同番茄一起切成小塊，做成番茄甜椒醬，與麵線或義大利細麵混拌亦相當美味。還可擺在牛排上，或拌入涮過的肉中。在章魚冷盤擺上大量番茄，佐甜椒醬更是我家的招牌料理。

生吃爽脆，
烤過會變得又甜又水嫩

甜椒

番茄佐甜椒醬

材料（2～3人份）

甜椒（紅、黃） 各1顆

番茄 （小）3顆

A
- 洋蔥（切碎末） 1/4顆
- 醋、橄欖油 各2大匙
- 砂糖 1大匙
- 鹽 1小匙

做法

❶ 將甜椒對半縱切，去除蒂頭與籽，切成5mm方塊狀。與A混合，靜置15分鐘以上。

❷ 番茄去除蒂頭，在蒂頭另一側劃十字，放入熱水中。外皮捲起後，改浸冰水，將皮剝除。

❸ 番茄對半橫切，盛裝於器皿，澆淋大量❶的醬汁。

六月×日

烤甜椒

想將甜椒皮烤到酥脆焦黑的話，可選擇用烤盤、直火烘烤、用烤爐，或是用小烤箱，有很多種方法。說真的，我並沒有特別推薦哪種烤法。在各種不同類型的廚房烤過甜椒後發現，使用器具會影響烤出來的結果，因此只能多做嘗試。

不過，請各位一定要試試看下述的甜椒烤法，能夠整個鎖住甜椒才有的美味。我雖然是用和烤茄子一樣的方式做日式調味，但也可以只撒鹽和胡椒、混拌鯷魚，或是用油醃泡，就算這樣品嘗，甜味還是能在口中擴散開來。

烤甜椒

材料（2～3人份）
甜椒（紅、黃）　各1顆
薑（磨泥）　少許
醬油　適量

做法

❶　用烤魚盤或直火擺上烤網，將甜椒烤至外皮焦黑（圖a）。放入紙袋燜蒸放涼（圖b）。

❷　放涼至能用手碰觸的溫度時，將外皮剝除（圖c），對半縱切，去除蒂頭與籽，接著縱切成2cm寬。盛裝於容器，擺上薑泥，澆淋醬油。

a

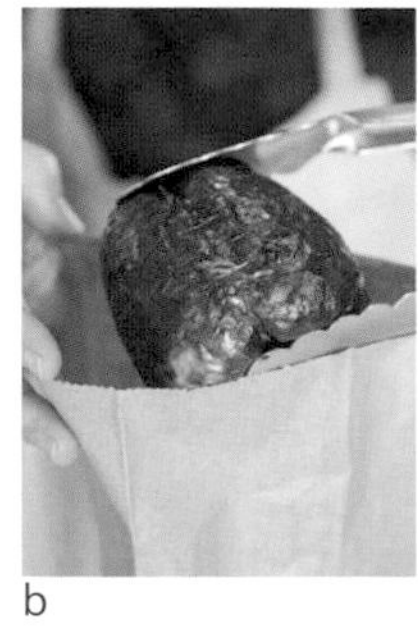

b

c

獅子辣椒

與油極為契合，裹油後會飄出香氣

七月×日

獅子辣椒炒培根

這是我想要多一道料理時，經常做的便當配菜。用稍強的火候迅速熱炒，立馬就能起鍋。除了培根，我也很喜歡搭配香腸、竹輪、油豆腐。

獅子辣椒炒培根

材料（2～3 人份）
獅子辣椒　1 包（15根）
培根　2 片
鹽　2 撮
胡椒　少許
米糠油　1 小匙

做法

❶　稍微切掉獅子辣椒的蒂頭。培根切成 2cm 寬。
❷　將培根與米糠油倒入平底鍋，加熱翻炒。培根炒到酥脆後，放入獅子辣椒，再以稍強的中火翻炒。整體變得油亮時，撒鹽與胡椒調味。

七月×日

沙丁魚佐獅子辣椒

獅子辣椒除了加熱烹調外，亦可生切成碎末，做為細麵或涼拌豆腐的佐料，也可放入淺漬小黃瓜或高麗菜中，達點綴效果。連籽一起切碎的話，會立刻變咖啡色，對顏色較講究時，可將籽去除。與做法中使用的青銀色魚類相搭更是絕配。

沙丁魚佐獅子辣椒

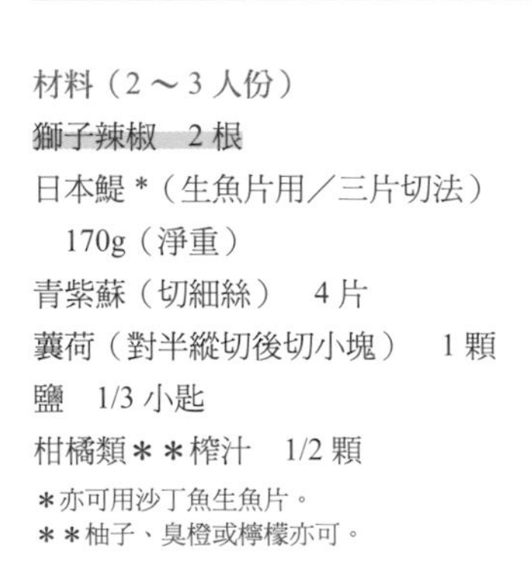

材料（2～3 人份）
獅子辣椒　2 根
日本鯷＊（生魚片用／三片切法）
　170g（淨重）
青紫蘇（切細絲）　4 片
蘘荷（對半縱切後切小塊）　1 顆
鹽　1/3 小匙
柑橘類＊＊榨汁　1/2 顆

＊亦可用沙丁魚生魚片。
＊＊柚子、臭橙或檸檬亦可。

做法

❶　去除獅子辣椒的蒂頭與籽，切成圓薄片。將青紫蘇與蘘荷一起浸水 5 分鐘使其變翠綠，用篩子撈起，瀝乾水分。
❷　將日本鯷撒鹽（沙丁魚則切細條狀），澆淋柑橘類榨汁。加入❶拌勻，盛裝於器皿。

秋葵

黏稠蔬菜的代表。迅速汆燙能展現甜味。

八月×日

涼拌秋葵

可以多做一些，看是要直接品嘗，或與切碎的納豆混拌，亦可擺在米飯或豆腐上享用。汆燙後，可沿著邊角劃刀，浸入高湯時就能吸附大量湯汁。

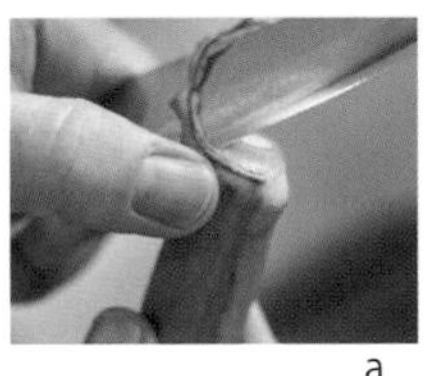

a

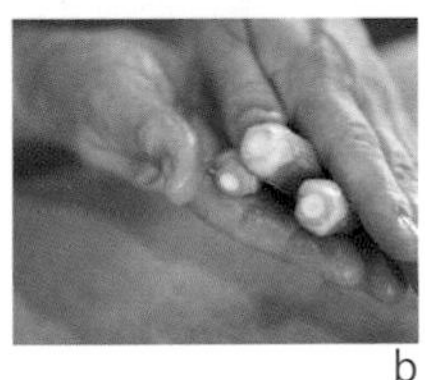

b

涼拌秋葵

材料（容易製作的份量）
秋葵　2袋（16根）
鹽　少許
A｜高湯　1又1/2杯
　｜鹽、淡味醬油　各1小匙

做法

❶　將A倒入鍋中加熱，煮沸後，關火、放涼。倒入保存容器中備用。

❷　秋葵蒂頭切短，削掉邊緣的稜角（圖a）。撒鹽，搓掉表面絨毛（圖b）。放入熱水，汆燙使顏色變漂亮後，以濾網撈起，放涼。

❸　將❷劃入3條直切痕。浸入❶約20分鐘。置於冷藏保存，約可存放2～3天。

八月×日

秋葵泥飯

秋葵愈切會愈黏稠，因此要盡量切碎。這是夏天食慾不振時，我相當推薦的料理。可配上梅乾，或擺在溫豆腐上攪拌後享用。我也很推薦在撒些許鹽、胡椒的煎豬肉淋上秋葵泥，當成醬汁品嘗。

秋葵泥飯

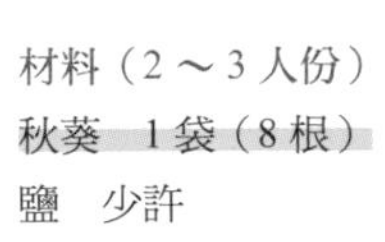

材料（2～3人份）
秋葵　1袋（8根）
鹽　少許
A｜高湯　4大匙
　｜鹽　2撮
　｜淡味醬油　1/2～1小匙
米飯（溫熱）　適量
柴魚片　少許

做法

❶　將秋葵蒂頭切短，削掉邊緣的稜角。撒鹽，搓掉表面絨毛。放入熱水，汆燙使顏色變漂亮後，以濾網撈起，放涼。切成小塊後再剁碎。

❷　將❶與A放入料理盆，攪拌至綿密狀。將白飯盛入容器，澆淋秋葵泥，並撒點柴魚片。

美味之處
在於那帶後勁的
苦味及生味

苦瓜

八月×日

苦瓜炒牛肉

做炒苦瓜料理時，我會將其他食材調味，刻意保留苦瓜原味，並在最後做味道上的微調。因為我覺得這樣才能充分品嘗到苦瓜的滋味。若要做成沖繩風料理，則可加入味道較重的午餐肉或香腸翻炒，如此一來還能省略調味。

苦瓜炒牛肉

材料（2～3人份）

苦瓜　（小）1根（200g）

鹽　1/4小匙

肩里肌牛肉（燒烤用）　150g

A　大蒜（磨泥）　少許

　　芝麻油　1小匙

　　鹽　1/4小匙

米糠油　2小匙

做法

❶　苦瓜對半縱切，用湯匙刮掉籽與內膜。斜切成7～8mm寬。放入料理盆，撒鹽並靜置10分鐘左右（如圖）。苦瓜變軟後，水洗並稍微擠掉水分。

❷　牛肉切成細條狀，與A混合備用。

❸　將米糠油倒入鍋中加熱，放入❷的牛肉翻炒。當肉變色，加入苦瓜稍微拌炒。

八月×日

苦瓜封肉

因為女兒跟我說，做成封肉的話，她就比較敢吃苦瓜，於是我會做成鹹甜口味、澆淋醬汁，或是用番茄醬等較濃郁的醬料調味。食譜中雖然是切成圓塊後塞肉餡，各位亦可做成船型封肉。蓋上鍋蓋燜燒能讓裡頭完全熟透，苦瓜也會變得很軟。

切開後，很驚訝地發現籽竟然是紅色的。
據說苦瓜全熟時，籽就會變紅色。

材料（2～3人份）

苦瓜　1根（250g）

鹽　1/4小匙

肉餡

- 混合絞肉　200g
- 洋蔥（切碎末）　1/4顆
- 太白粉　1大匙
- 鹽、醬油　各1/2小匙

麵粉　適量

醬料

- 酒、味醂　各1大匙
- 醬油　2小匙

米糠油　1大匙

做法

❶ 切掉苦瓜頭尾較細的部分，接著輪切成2cm厚的圓塊。用湯匙去除苦瓜圓塊的籽與內膜（圖a）。頭尾較細的部分則是對半縱切後再挖除。排入料理盤，撒鹽並靜置10分鐘。

❷ 將肉餡材料放入料理盆，充分混合。

❸ 拭乾苦瓜的水分，將麵粉放入濾網，撒在苦瓜內側（圖b）。將❷的肉餡大量塞填入苦瓜圓塊，頭尾部份同樣要填塞厚厚一層隆起的肉餡。

❹ 將米糠油倒入平底鍋加熱，排❸（圖c），偶爾翻面，以較弱的中火熱煎10分鐘左右。當肉帶點焦色後，蓋上鍋蓋，再以小火煎10分鐘，過程中須偶爾翻面，直到內部變熟。

❺ 苦瓜變軟後，拿起鍋蓋，加入調味用醬料，再烹煮2～3分鐘使其入味。

苦瓜封肉

a

b

c

享受其中的滑嫩口感

櫛瓜

八月×日

炸櫛瓜

看見這圓圓的形狀時，我就立刻想到可以炸炸看。麵包粉酥脆的口感之後，嘴裡滿是櫛瓜的湯汁。料理重點在於麵衣要加起司。

炸櫛瓜

材料（3～4人份）

圓櫛瓜（綠、黃）　各1顆（400g）

天婦羅粉　1/4杯

A｜麵包粉　1杯
｜帕瑪森起司（磨泥）　10g

炸油　適量

做法

❶　稍微切掉圓櫛瓜的頭尾，接著切成1.5cm厚的圓塊。

❷　依包裝袋說明，將天婦羅粉加水調成稠狀。混合A。

❸　將櫛瓜依序沾裹天婦羅麵衣、A。放入170℃的炸油，炸至麵包粉稍微變色且變酥脆後，瀝油起鍋。

八月×日

味噌炒櫛瓜

櫛瓜與味噌的組合可說無懈可擊。若將櫛瓜切成比食譜中更細的條狀後再來炒味噌，就會變得很像肉味噌，淋在飯上享用將令人欲罷不能。

味噌炒櫛瓜

材料（3～4人份）

圓櫛瓜（綠、黃）　各1顆（400g）

A｜味噌　1又1/2大匙
｜酒　1大匙
｜醬油　1又1/2小匙
｜砂糖　1撮

米糠油　1大匙

做法

❶　稍微切掉圓櫛瓜的頭尾，接著切成1.5cm厚的圓塊。接著從邊緣切成1.5cm寬的條狀。

❷　充分混合A備用。

❸　將米糠油倒入平底鍋加熱，放入櫛瓜慢火翻炒。變軟後，加入❷，充分拌勻。

冬瓜

味道清淡，運用方式卻出乎意料多樣的蔬菜

關於冬瓜

當夏季蔬菜已結束收成，秋季蔬菜卻又還沒進入產季，在這段農田收成的切換期間，就會看見冬瓜堆在直銷所裡。冬瓜這名字裡雖然有冬，產季卻是夏天。據說會稱作冬瓜，是因為整顆放置於陰涼處的話，能存放至冬天。

冬瓜的味道清淡，能與各種食材做組合。能與透過鮮味結合的肉類、貝類及豆皮等食材一同烹調。我聽說冬瓜整個表皮帶有粉末，就表示已經全熟到能夠食用。冬瓜皮有點硬，用刨刀削掉會較輕鬆。

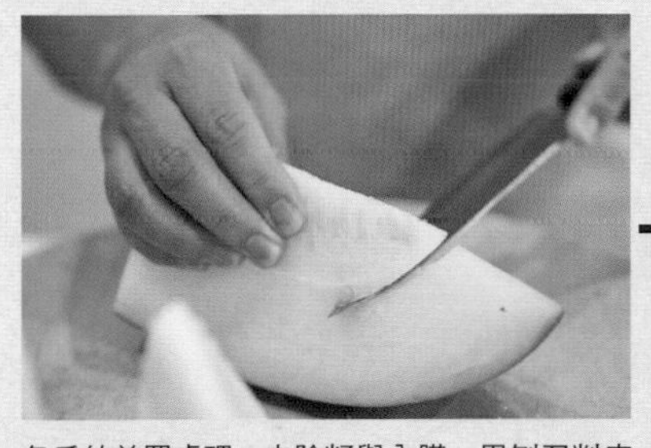

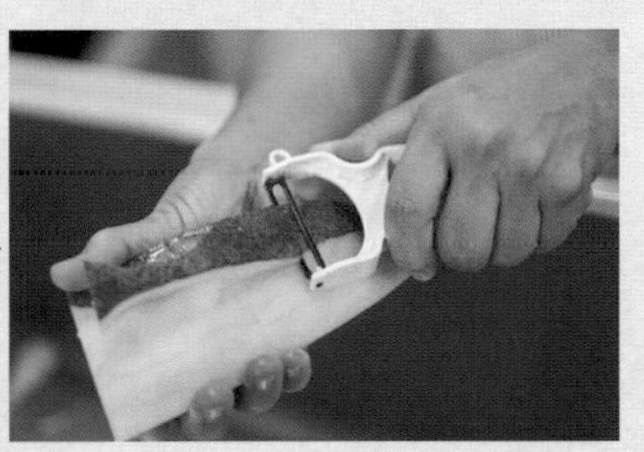

冬瓜的前置處理。去除籽與內膜，用刨刀削皮。

做成冬瓜生魚片

不知道該怎麼使用冬瓜時，不妨先用蒸的。我母親以前常做很像生魚片的蒸冬瓜，外表看起來猶如生魚片蒟蒻。我會搭配柚子胡椒、豆瓣醬等辣味佐料，或是橄欖油、芝麻油等充滿香氣的油類一起品嘗，混拌醬汁也相當美味。冬瓜切開後鮮度會大幅流失，因此建議先蒸過，再看是要做成像食譜一樣的生魚片，或用來煮湯、熱炒皆非常合適。

冬瓜生魚片

將切好的冬瓜放入已開始冒蒸氣的蒸籠中，熱蒸15分鐘左右。能輕鬆插入竹籤時，即表示蒸熟。取至料理盤降溫，放涼後，削切成薄片，排列於器皿中，可佐上柚子胡椒、橄欖油、醬油，依喜好沾醬品嘗。

九月×日

冬瓜炒豬肉

豬肉的鮮味和冬瓜的清淡口味非常相搭。冬瓜切再多，就算吃下肚也不會讓你覺得很飽，或許因為它是含水量相當高的蔬菜吧。各位不妨抱著被騙的心情也要試試看，多切點冬瓜囉。可切成條狀或扇型，這類較容易翻炒的形狀，建議厚度別超過1公分，才能快速煮熟。切太薄的話則會煮到散掉，須特別注意。另外也非常推薦用魚露、蠔油、醬油或味噌來翻炒調味。

九月×日

油炸冬瓜

冬瓜與油類很契合，於是我就乾脆嘗試油炸。冬瓜水分多，因此炸起來會有點像油豆腐。表面沾附太白粉包裹後，再下鍋油炸。炸到切口處稍微變色即可起鍋。炸太久反而會使水分流失。剛炸好的冬瓜沾鹽吃就很美味。

a

b

油炸冬瓜

冬瓜炒豬肉

材料（2～3人份）

冬瓜　500g

豬五花肉（薄片）　3片

大蒜（壓碎）　1塊

蔥（斜切薄片）　1/2根

鹽、胡椒　各適量

米糠油　1大匙

做法

❶　去除冬瓜籽與內膜，用刨刀削皮。切成3cm寬的半月條形，接著從邊緣開始切成1cm厚的塊狀（圖a）。

❷　豬肉切成2cm寬，下鍋翻炒之前再撒入2撮鹽。

❸　將米糠油、大蒜倒入平底鍋，以小火加熱，飄出香味後轉中火，加入豬肉、蔥拌炒。豬肉炒熟後，放入冬瓜，翻炒至冬瓜變軟（圖b）。最後以1/2小匙的鹽與胡椒調味。

九月×日

冬瓜蛋花湯

我喜歡用太白粉將冬瓜湯勾芡。滑順的湯汁與滑順的冬瓜立刻為口感加分。食慾不振時，非常推薦給各位。女兒會搭配飯或麵一起品嘗。

冬瓜蛋花湯

材料（2～3人份）
冬瓜　250g
雞蛋　1顆
高湯　2杯
鹽　1/3小匙
淡味醬油　稍少於1/4小匙
A｜太白粉　1又1/2小匙
　｜水　1大匙

做法
❶　去除冬瓜籽與內膜，用刨刀削皮。切成1.5cm塊狀。
❷　將❶與高湯倒入鍋中加熱，煮至冬瓜變軟。加鹽、淡味醬油調味，加入充分混合的A勾芡。淋入蛋液，煮至結塊後即可關火。

材料（2～3人份）
冬瓜　350g
薑（磨泥）　1塊
細蔥（切末）　1根
太白粉　適量
沾麵醬油（非濃縮、參照P.51）　1/2杯
炸油　適量

做法
❶　去除冬瓜籽與內膜，用刨刀削皮。切成4cm塊狀。整個沾抹太白粉（圖a）。
❷　將❶放入160℃的炸油（圖b），慢火油炸。能輕鬆插入竹籤時，即可起鍋盛盤。
❸　將沾麵醬油倒入小鍋加熱，接著倒入❷中，撒點青蔥，再佐上薑泥。

a

b

黑葉甘藍

三月×日

雙拼高麗菜湯

材料（2～3人份）
黑葉甘藍＊　6片
高麗菜　2片
高湯　4杯
鹽　1小匙
＊黑葉甘藍是非結球高麗菜的同類，又名為 Cavolo Nero。

做法
❶　黑葉甘藍去梗，切細條。菜梗切薄片，菜葉切細條。
❷　將❶倒入鍋中，加入高湯煮軟。試味道後，加鹽調味。

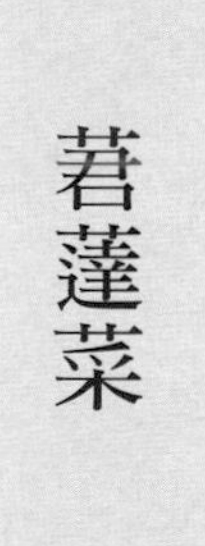

莙薘菜

三月×日

莙薘菜香腸沙拉

材料（2～3人份）
莙薘菜＊　1把（4～5根）
維也納香腸　4條
橄欖油　適量
黑胡椒（粗粒）　少許
紅酒醋　2小匙
＊日文又名為不斷草。菜梗有紅色、黃色等，相當鮮豔。

做法
❶　將莙薘菜的梗葉分開，梗斜切成2cm長，葉片則切成4～5cm方形，充分瀝乾水分，放入料理盆。
❷　將維也納香腸斜切薄片，於平底鍋倒入2小匙橄欖油加熱，將香腸炒到變脆，撒黑胡椒，接著加入❶中。澆淋2大匙橄欖油與紅酒醋，拌勻後盛盤。

Colinky南瓜

六月×日

南瓜沙拉

材料（2～3人份）
Colinky南瓜＊　1/4顆（約400g）
核桃　8顆
A｜鹽　稍少於1/4小匙
　｜白酒醋　1小匙
　｜橄欖油　2小匙
＊一種能夠生吃的南瓜。

做法
❶　去除Colinky南瓜的內膜與籽。依喜好決定是否削皮，切成3～4cm長的細條狀。
❷　將A的材料放入料理盆充分混合，加入❶拌勻。盛盤後，用手撒點碎核桃。

第2章

美味的秋冬蔬菜

蓮藕
牛蒡
南瓜
番薯
山藥
日本薯蕷
芋頭
菇類
白花椰
綠花椰
甜菜
白蘿蔔
蔥
大白菜
蕪菁
菠菜
小松菜
青江菜
茼蒿
寶塔花椰菜
芥蘭
Lady salad 紅皮蘿蔔
花生

蓮藕

不同煮法與切法
會讓風味跟著改變

即便做了很多的甜醋漬蓮藕，過沒多久就會吃完。

關於蓮藕

進入蓮藕採收期時，我會請種蓮藕的農家直接配送蓮藕到家裡，箱子裡面就會有好幾節連在一起的粗胖白皙蓮藕。女兒看見蓮藕原來是長這樣後，嚇到不停眨眼，還說竟然這麼長啊。收成時，想必從泥地裡拉出來的蓮藕一定是連成一長串吧。

切開蓮藕後，像蜘蛛絲般的纖維會飄然地舞動著。品嘗時更能感受到纖維牽絲。迅速汆燙或熱炒都能吃到爽脆的口感。用煮的話，會變成稍帶濃稠的鬆軟口感，用炸的話會酥酥脆脆，磨成泥的話則會變得黏稠。不同的煮法與切法能讓我們享受到蓮藕的各種風味。

蓮藕切開後，須浸水5分鐘去澀，用水即可。若想讓煮好的蓮藕看起來更白，則可在熱水中加醋快速汆燙。

蓮藕很好保存，將切口用保鮮膜裹緊，用報紙捆包避免凍傷，放入冰箱蔬果室保存即可。

汆燙時稍微加點醋，能讓蓮藕看起來更白。

浸漬甜醋保存

蓮藕的口感爽脆，是種會讓人很放鬆的料理。浸漬甜醋能拉長保存時間，因此可稍微多做一點存放於冰箱冷藏，屆時用來當煎魚的佐料、剁碎拌入白飯中做成簡單的壽司飯，或是擺在嫩煎肉上品嘗亦相當美味。如此一來，就算做了很多的甜醋蓮藕來備用，也會很快吃完。

甜醋漬蓮藕

用刨刀削掉1節蓮藕（大，300g）的皮，接著用刨絲器削成圓薄片。將各1/2杯的醋與砂糖、1/2小匙的鹽、1根紅辣椒這些甜醋材料放入琺瑯鍋或不鏽鋼鍋煮沸，使砂糖溶解。再用另一支鍋子煮沸水，稍微加點醋，汆燙蓮藕，變透亮後用篩子撈起，瀝掉熱水。趁蓮藕還溫熱時加入甜醋中，稍微混拌。用保鮮膜整個密封放涼，放涼後即可享用。裝入容器中保存，置於冰箱冷藏可存放5天左右。

磨泥加熱會變黏稠

將蓮藕磨泥和高湯一起加熱，很不可思議的，竟然會變黏稠。我家把這道料理稱為和風蓮藕濃湯。若是和牛奶或豆漿搭配，再加點薑，就能讓身體整個暖起來。

和風蓮藕濃湯

於鍋中倒入2杯高湯加熱，以2撮鹽與少許醬油調味。取1/2節的蓮藕（100g）削皮，直接在鍋子上磨泥入鍋（下圖），稍微烹煮，將蓮藕煮熟，但無須滾沸。試味道後，再加上少許的鹽做調整。

九月×日

蓮藕燉番茄

這是責任編輯小愛推薦的料理。可以直接使用水煮番茄罐頭，不過還是希望各位能用自製的水煮番茄來燉滷看看，鮮味表現會更加濃郁。只須用番茄的湯汁慢火烹煮，當蓮藕變軟，竹籤能輕鬆插入時，即可完成。使用的食材雖然都很日式，但西式的燉滷調味讓這道料理也能與麵包或白飯相搭。

九月×日

黑醋炒蓮藕

這道黑醋炒蓮藕是久保原造型師開出的菜單。就連不敢吃酸的她都很喜歡帶甜的炒黑醋料理。我希望對醋敬而遠之的讀者一定要嘗試看看。拍敲的蓮藕塊切面會比

蓮藕燉番茄

材料（3～4人份）

蓮藕　2節（400～500g）

大蒜（壓碎）　2瓣

水煮番茄（參照P.43）　3杯

鹽、醬油　各1小匙

黑胡椒（粗粒）　少許

橄欖油　2大匙

做法

❶　用刨刀將蓮藕削皮，滾刀切成較大的塊狀（如圖）。

❷　將橄欖油、大蒜倒入較厚的鍋中，開小火加熱，飄出香氣後，再加入蓮藕拌炒。

❸　蓮藕變得油亮後，加入水煮番茄，蓋上鍋蓋，以較弱的中火烹煮。蓮藕變軟後，加入鹽與醬油，繼續燉煮入味。盛盤後，撒點黑胡椒。

黑醋炒蓮藕

材料（3～4人份）

蓮藕　1節（200g）

砂糖　1大匙

醬油　2小匙

黑醋　1又1/2大匙

芝麻油　1大匙

做法

❶　用刨刀將蓮藕削皮，橫切3等分後，以擀麵棍敲碎成較大的一口大小（如圖）。

❷　將芝麻油與蓮藕倒入鍋中，開火慢炒至蓮藕變得油亮。

❸　加入砂糖及稍少於1/2杯的水（80mℓ）烹煮，無須蓋鍋蓋。水分變少後，加入醬油、黑醋，繼續煮到稍微收汁。

用刀子劃切來的凹凸不平，這樣將更容易入味。請依黑醋的味道來調整砂糖用量。

九月×日

蓮藕薑汁燒肉

蓮藕、鹹甜醬油、薑也是我很常搭配的組合。這是為了避免家人吃太多薑汁燒肉，所以用蔬菜來增加份量。還可在醬汁中加入梅乾，做成風味清爽的薑汁燒肉。蓮藕與梅子兩者的組合也是無懈可擊。

蓮藕薑汁燒肉

材料（2～3人份）

蓮藕　1節（200g）

肩里肌豬肉（薑汁燒肉用）　200g

醬料

- 薑（磨泥）　2瓣
- 砂糖、醬油　各2大匙
- 酒　1大匙

米糠油、太白粉　各適量

做法

❶　用刨刀將蓮藕削皮，切成7～8mm厚的圓片，浸水5分鐘左右，瀝乾水分。

❷　在平底鍋倒入比1大匙再多一些的米糠油加熱，擺入蓮藕，以慢火熱煎兩面，煎好後取出備用（如圖）。

❸　於❷的平底鍋再加入少許米糠油，將豬肉輕裹一層太白粉後，一片片鋪平擺入，熱煎豬肉兩面。豬肉煎熟後，再倒入蓮藕，接著加入調配好的醬汁，煮到收乾使其入味。

牛蒡

整根連皮處理，享受其中的香氣與口感

關於牛蒡

牛蒡能讓人享受其中的香氣與口感，可以選擇稍微熱炒、下鍋油炸，或是燉煮變軟。切絲、削片、輪切、滾刀切，能透過各種切法，呈現出不同口感也是牛蒡的魅力所在。

牛蒡要連皮一起處理。須先用菜瓜布充分刷除污泥（圖❶）。牛蒡皮能煮出美味湯汁，因此不要刷太用力。牛蒡切了之後要立刻浸水去澀（圖❷），但浸太久會使牛蒡本身的味道也跟著流失，因此要特別留意。

❶ 浸入大量水中，去除澀味。

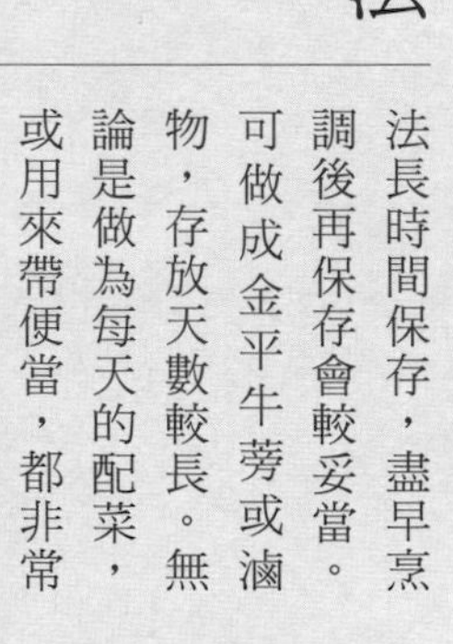

❷ 用菜瓜布在水龍頭下沖水洗刷。

還有這種煮法

將牛蒡加入豬肉湯、牛肉蔬菜鍋、火鍋的話，會讓湯汁味道變得更棒。在蜆仔味噌湯裡加入一點點牛蒡片，蜆仔高湯加上牛蒡高湯，即成了高檔的味噌湯。還有種用法，就是拿牛蒡來提味。直接油炸可能會使皮變苦，先用刀子削掉一層薄皮再油炸的話，就不會出現苦味。

雖然牛蒡屬於根菜類，卻無法長時間保存，盡早烹調後再保存會較妥當。可做成金平牛蒡或滷物，存放天數較長。無論是做為每天的配菜，或用來帶便當，都非常方便，所以我家常會準備用牛蒡做成的菜餚。

金平牛蒡兩種

十月×日

我在做金平牛蒡時，雖然有時也會用斜切或切小塊的牛蒡，但開始改成切絲後，發現無論是口感或入味程度都比較好，無論吃再多都不會覺得太多，於是現在都改做金平牛蒡絲。

調味可依個人喜好。除了用醬油、砂糖、酒煮成最常見的鹹甜風味外，也可放入辣椒、加入絞肉或細肉絲增加份量，或是改做成鹹味、魚露風味，還可加入巴沙米可醋，讓味道帶有些許的甜。使用的油則可改成芝麻油、橄欖油，品嘗不同香氣的美味。料理的重點是必須將牛蒡炒軟，完全入味。湯汁逐漸收乾時，還要再稍待片刻，讓牛蒡充分吸附調味料。

金平牛蒡絲

材料（2～3人份）

牛蒡　1根（200g）
酒　2大匙
砂糖　1又1/2大匙
醬油、蠔油　各1大匙
芝麻油　1大匙

做法

❶　用菜瓜布刷洗牛蒡，先斜切成薄片後，再切細絲，並放入水中，切完所有牛蒡後，浸水5分鐘去澀，用篩子撈起，瀝乾水分。

❷　將芝麻油倒入鍋中加熱，放入牛蒡翻炒。飄出香氣後，加入酒、砂糖拌炒，出水後，再加入醬油與蠔油，翻炒至湯汁收乾。

金平牛蒡片

材料（2～3人份）

牛蒡　1根（200g）
豆瓣醬　1小匙
酒　1大匙
鹽　1/4～1/3小匙
米糠油　1大匙

做法

❶　用菜瓜布刷洗牛蒡，削片並放入水中（如圖），削完所有牛蒡後，浸水5分鐘去澀，用篩子撈起，瀝乾水分。

❷　將米糠油與豆瓣醬倒入鍋中翻炒，飄出香氣後，加入牛蒡拌炒。牛蒡變得油亮時，加入酒，繼續拌炒至湯汁收乾。試味道後，加鹽做調整。

十月×日

味噌滷牛蒡豬肉

牛蒡的味道很適合味噌湯或豬肉湯，因此我也很推薦和味噌一起滷。燉煮時，須根據牛蒡的熟度，慢慢添加高湯，將牛蒡煮軟。要耐心煮到能輕鬆插入竹籤。快火煮好的牛蒡與慢火烹煮的牛蒡風味完全不同，這裡敬請各位慢火燉煮。

十月×日

牛蒡壽喜燒

家人稱這道料理為牛蒡壽喜燒。我也很喜歡整鍋端上桌，將剛煮好的牛蒡沾裹蛋液享用。改用豬肉或雞肉時，可稍微加點油，用炒燉的方式烹調。想讓料理看起來更有份量的話，可加入麵麩或蒟蒻一起煮。

味噌滷牛蒡豬肉

材料（2～3人份）

牛蒡　1根（200g）
肩里肌豬肉（切片）　4片（80g）
A｜高湯　1又1/2杯
　｜砂糖　1大匙
B｜味噌、高湯　各1大匙
　｜醬油　1/2小匙
芝麻油　1大匙

做法

❶ 用菜瓜布來刷洗牛蒡，切成5cm長，接著再對半縱切，浸水5分鐘（如圖）。豬肉切成2cm寬。
❷ 將芝麻油倒入鍋中加熱，接著倒入瀝乾水分的牛蒡拌炒。牛蒡變得油亮時，加入A，蓋上防溢料理紙烹煮。
❸ 牛蒡變軟後，再加入豬肉烹煮。豬肉差不多煮熟時，倒入混合好的B，繼續滷10分鐘直到變濃稠。

牛蒡壽喜燒

材料（2～3人份）

牛蒡　1根（200g）
牛五花（燒烤用）　100g
A｜高湯　1又1/2杯
　｜酒　2大匙
　｜砂糖　1大匙
醬油　1大匙
一味辣椒粉　少許

做法

❶ 用菜瓜布來刷洗牛蒡，斜切成7～8mm厚（如圖），浸水5分鐘。牛肉切成2cm寬。
❷ 無須倒油，直接放入牛肉與瀝乾的牛蒡拌炒，牛肉幾乎變色後，加入A烹煮。
❸ 牛蒡變軟後，再加入醬油，烹煮10分鐘左右，稍微收汁。盛盤，依喜好撒點一味辣椒粉。

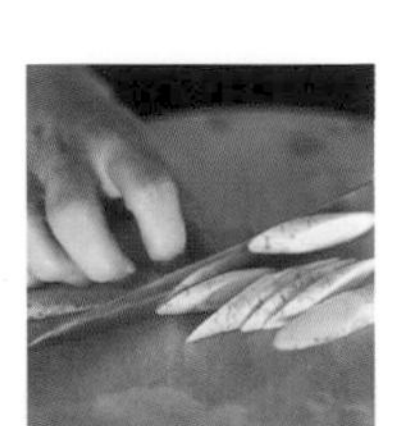

十月×日

牛蒡飯

在牛蒡什錦飯擺上直接下鍋油炸的牛蒡絲，讓整體看起來更豪華。久保原造型師跟我說了她去溫泉旅館時吃到的飯後，我從中得到一些靈感，嘗試做出這道料理，沒想到好吃得不得了。牛蒡炊煮過後，白飯會吸附美味的高湯。牛蒡直接下鍋油炸後，除了本身獨特的味道外，會更加芳香。酥脆口感亦使美味加分。將炸牛蒡跟飯盛在一碗，要吃的時候再拌入享用，就能讓牛蒡與飯的鮮味各自慢慢擴散而出。

牛蒡飯

材料（4～5人份）

牛蒡　1根（200g）
米　540mℓ（3杯）
胡蘿蔔　1/2根（80g）
肩里肌豬肉（切片）　80g
A｜醬油　2大匙
　｜酒　1大匙
　｜鹽　1小匙
炸油　適量

做法

❶　將米洗淨，用篩子撈起，放置30分鐘左右。

❷　用菜瓜布來刷洗牛蒡，將1/2根牛蒡與胡蘿蔔斜切成薄片，再切成細絲。剩餘的牛蒡用刀背輕輕刮皮後削片。將牛蒡分別浸水5分鐘，豬肉切絲。

❸　米倒入電子鍋內鍋，加入A，再加水至3杯米的刻線處。接著擺入牛蒡絲、胡蘿蔔（圖a）、豬肉炊煮。

❹　牛蒡削片則用餐巾紙包住，確實吸乾水分（圖b），直接放入170℃的炸油中，炸到變色帶焦（圖c）。瀝乾油後就會變得酥脆。

❺　飯煮熟後，稍微混拌並盛盤。放上大量的❹，拌勻品嘗。

a

b

c

南瓜

整顆買回，可用來做滷物或炸天婦羅等各種料理

九月×日

燉南瓜

想要味道清淡點，或是濃郁滋味，完全取決於當下的心情。南瓜會出水，所以滷汁不用整個蓋過食材，或是稍微減量。烹煮時可以不用削皮，或是削掉部分外皮，入鍋時，南瓜皮朝下，可避免整個煮爛化開。燉熟的速度會比想像中還快。

九月×日

南瓜丸子湯

這道料理就像是在麵疙瘩裡頭放入南瓜，也有點像是義式料理的馬鈴薯麵疙瘩（Gnocchi）。做成丸子形狀，只要放入湯汁中，就可輕鬆燉煮完成。可能是因為做成丸子狀的關係，那咕溜的滑順口感，讓先生與女兒都很捧場。

滷南瓜

材料（2～3人份）

南瓜　1/4顆（450g）

A｜砂糖、醬油　各1大匙

做法

❶ 用湯匙挖掉南瓜籽與內膜。切成一口大小後，稍微削掉邊角（切出倒角）。

❷ 將❶放入鍋中（盡量是能鋪平南瓜的大小），加入不會完全蓋過南瓜的水（約1/2杯）以及A，蓋上防溢料理紙，以較弱的中火烹煮10～15分鐘。關火放涼，再依個人喜好加熱享用。

南瓜丸子湯

材料（2～3人份）

南瓜　1/6顆（300g）

炸麩　25g

蔥　1/2根

麵粉　1～2大匙

高湯　3杯

味噌　2大匙

做法

❶ 用湯匙挖掉南瓜籽與內膜。切掉部分外皮，接著切成2cm塊狀。放入鍋中，加入不會完全蓋過南瓜的水汆燙。

❷ ❶煮軟後，倒掉熱水，用叉子壓碎。視情況加入麵粉混合，只要能結成塊狀即可。

❸ 將炸麩切成容易入口的大小，蔥切小塊。

❹ 將高湯倒入鍋中加熱，放入炸麩烹煮。變軟後，加入搓圓成一口大小的❷。味噌倒入碗中，添加些許湯汁，化開味噌，再倒回鍋中。撒入蔥塊，稍微加熱後即可關火。

贈上小菜

可將倒角切下的南瓜皮放入180℃的炸油中，偶爾翻動，炸至表面酥脆。瀝油後，撒入些許的鹽與黑芝麻，就是一道下酒菜或小點心。

番薯

除了蒸來吃，還可用來滷

十一月×日

奶油蒸番薯

一個人的點心時間，我會將番薯放入蒸鍋中慢慢加熱。想立刻品嘗時，則會連皮洗淨後，用保鮮膜包裹放入微波爐加熱。將熱騰騰的番薯放入口中，發出呼呼呼的享受聲音時，可說再幸福不過了。蒸番薯除了直接品嘗外，還可以稍微撒點鹽，或是放上奶油。若蒸的番薯量較多，則可剝皮後切片，吹拂冷風，做成乾地瓜片，也可以壓碎做成沙拉或地瓜塔。

奶油蒸番薯

材料（容易製作的份量）

番薯　2～3條

奶油　適量

做法

❶　將番薯連皮洗淨，放入已開始冒蒸氣的蒸鍋中。當竹籤能輕鬆插入時，即可取出。剝成好入口的大小，盛盤後，佐上奶油。

十一月×日

番薯雞肉甘辛煮

加入薑之後，鹹甜口感中帶有薑的嗆辣風味，成了一道下飯的配菜。番薯比想像中快熟，要注意別煮爛化掉。烹煮時的重點，在於最後要以稍強的火候讓滷汁入味。

十一月×日

蒸番薯豬肉捲

豬肉油脂的鮮味與番薯極為契合。雖然家人們都說，番薯是甜的，所以沒辦法用來配飯，但這道料理卻是例外。充滿芝麻油香，帶有洋蔥的醬汁與番薯甜味融合的恰到好處，會讓人一口又一口地扒飯。

番薯雞肉甘辛煮

材料（2～3 人份）

番薯　（大）1 條（400g）

雞肋排　200g

薑（切片）　1 瓣

高湯　2 杯

砂糖　1 大匙

醬油　2 大匙

米糠油　1 大匙

做法

❶　將番薯充分洗淨，帶皮滾刀切塊。浸水 5 分鐘左右。

❷　將米糠油與雞肉倒入鍋中翻炒，食材變得油亮後，再加入瀝乾水分的番薯，繼續拌炒。番薯也變得油亮時，加入高湯與砂糖，蓋上鍋蓋烹煮。

❸　番薯變軟後，拿起鍋蓋，加入薑與醬油，以較強的中火，連同湯汁煮到入味帶亮澤。

蒸番薯豬肉捲

材料（2 人份／4 顆）

番薯　8cm*

豬五花肉（切片）　4 片（80g）

洋蔥　1/4 顆

A｜醬油、芝麻油　各 1 又 1/2 小匙
　｜醋、砂糖　各 1/2 小匙

＊使用 1 根 300g 重的番薯中間較粗的部分。

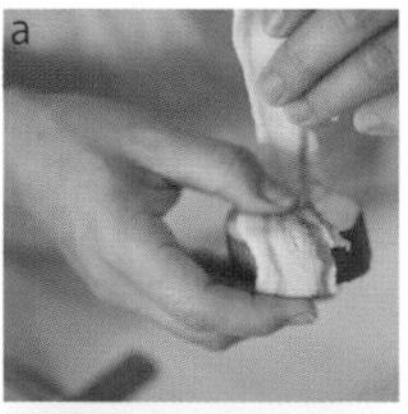

a

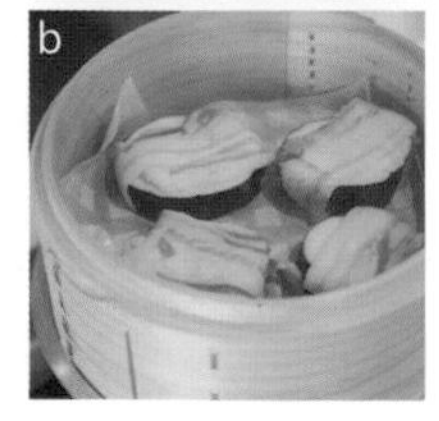

b

做法

❶　番薯充分洗淨，帶皮切成 2cm 厚。浸水 5 分鐘左右，拭乾水分，用豬肉裹住（圖 a）。

❷　洋蔥切成細丁，撒少許鹽（份量外），放置 5 分鐘左右後，用水清洗，擠掉水分。與 A 混合，調成醬汁。

❸　於蒸鍋鋪放烘焙用紙，排列❶（圖 b），以較強的中火蒸 7～8 分鐘。竹籤能輕鬆插入時，即可完成。盛盤後，澆淋❷的醬汁。

山藥、日本薯蕷

黏稠度較柔和的山藥與黏度十足的日本薯蕷

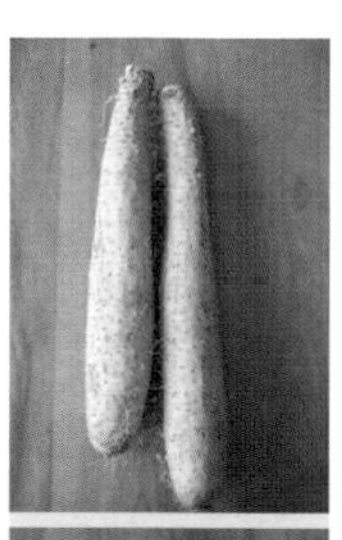

山藥

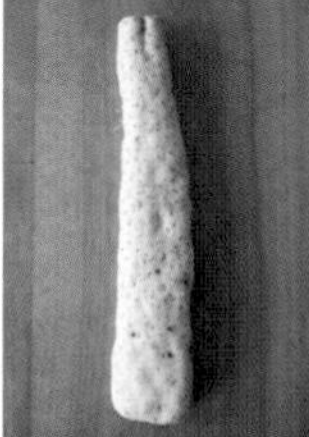

日本薯蕷

十月×日

溫熱山藥泥

這是住在長野縣松本，以做漬物聞名的一位伯母所傳授的山藥泥料理。我以前都認為混合用的高湯一定要是冷的，但沒想到在名人伯母家中，卻是用熱騰騰的高湯來做山藥泥。伯母會用大料理盆做很多山藥泥，所以使用的工具既不是研磨缽，也不是研磨棒，而是用打蛋器攪拌，與高湯混合。那暖暖的感覺，是不知該如何形容的美味。將剛煮好的飯與溫熱的山藥泥相搭，怎麼想都一定好吃的。我以前怎麼都沒發現呢？這次是使用的山藥，若改用日本薯蕷，將會更加黏稠、Q彈。

溫熱山藥泥

材料（2～3人份）

山藥　1根（600g）

A　高湯　1杯
　淡味醬油　1小匙
　鹽　1/4小匙

海苔（整片）　1片

米飯（溫熱）　適量

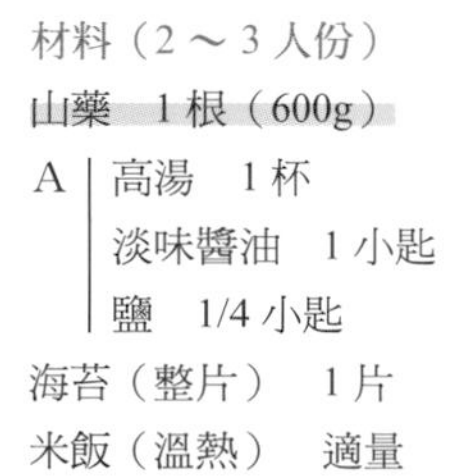

a

b

做法

❶ 將A倒入鍋中加熱。

❷ 山藥削皮時，保留10cm左右的皮。握著留有皮的部分，用研磨缽磨成泥（圖a）。最後削掉留皮的部分，將整塊山藥磨泥。

❸ 將溫熱的❶分次少量加入❷中（圖b），每次加入❷時，就用研磨棒攪拌混合。差不多加完了所有湯汁，山藥泥變得鬆軟時，即大功告成。

❹ 用手將海苔撕成小片，撒在❸上，佐飯上桌。將大量山藥泥淋在飯上品嘗。

＊若沒有研磨缽，也可用研磨板輕柔慢慢地研磨，放入料理盆後再以打蛋器混合。

十月×日

山藥磯邊燒

海苔的香味與山藥鬆軟的口感非常相搭。下鍋油炸後，口感會從黏稠變成如薯類般的鬆軟。可以沾醬油、柚醋、鹽品嘗。這裡是很簡單地將山藥切塊後，夾入海苔油炸，但也可以用海苔包裹磨成泥的山藥後下鍋。山藥泥炸過後，會變得更鬆軟、更黏稠。其中的美味亦讓人無法抵擋。

十月×日

梅拌山藥

我在切山藥時，會先將山藥削皮，立起圓柱狀的山藥，切成薄片，接著維持圓柱形狀，將刀子轉90度，再從邊緣下刀，切成細條。這種切法能避免山藥滑動。由於山藥會滑，很難固定，切的時

山藥磯邊燒

材料（2～3人份）
山藥　6cm（100g）
海苔（整片）　1片
炸油　適量

做法

❶　山藥削皮，切成1cm厚的圓片狀。海苔切成6等分。

❷　將每片海苔夾入山藥（如圖），放入170℃的炸油，將山藥炸軟。瀝乾油後，盛盤，可沾鹽或醬油（份量外）品嘗。

梅拌山藥

材料（2～3人份）
山藥　10cm（150g）
梅乾　1顆
味醂、醬油　各1小匙

做法

❶　將山藥對半橫切，削皮後，切成細條狀（如圖），盛裝於容器中。

❷　梅乾去籽，用刀子剁碎果肉，加入味醂、醬油混合，淋在❶上。充分拌勻後品嘗。

候務必特別注意。除了能佐上梅子外，還可擺上滿滿的海苔、醬油柴魚片，或是拌和同樣很黏稠的納豆、秋葵或蛋黃，也會非常相搭。

十月×日

軟綿丸子湯

加入山藥泥或薯蕷泥做成的肉丸子會變得相當柔嫩鬆軟。用量無須太多，添加過量的話，肉丸子反而會變太軟，在湯汁中化散開來，但其實這樣也很好吃。我是將薯蕷加入肉餡當中，因此連皮一起磨成泥狀。皮膚較敏感者在作業時，建議使用刮刀，或放入塑膠袋中混合。手直接碰觸到的話可能會發癢，須特別留意。

軟綿丸子湯

材料（3 人份）

日本薯蕷（或山藥） 30g
蓮藕 1/4 節（50g）
雞絞肉 300g
A 淡味醬油 1 小匙
　鹽 1/2 小匙
　胡椒 適量
高湯 3 杯
鹽、醬油 各少許
蔥（切小段） 1/2 根

做法

❶ 日本薯蕷直接放在火上，燒掉根鬚（如圖）。用水洗去後，拭乾，連皮磨成泥。蓮藕削皮後，切成 5mm 塊狀。

❷ 將絞肉、❶、A放入料理盆中攪拌混合。

❸ 高湯倒入鍋中煮沸，用湯匙將❷刮撈成圓形，放入湯汁中烹煮。撈除浮沫，加鹽、醬油調味，放入蔥，即可關火。

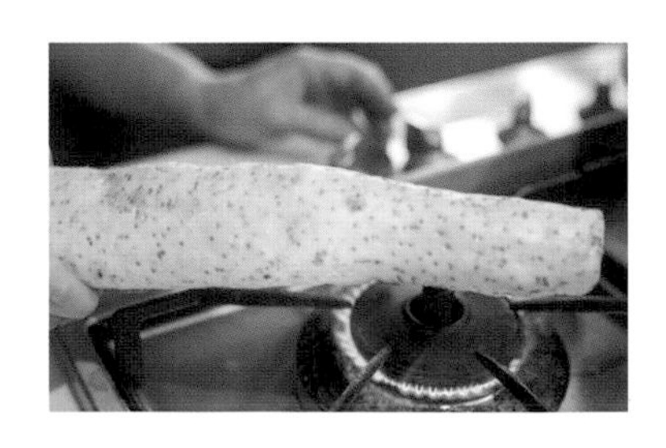

小芋頭

削皮後，用乾布擦拭掉黏液

十月×日 香蒸小芋頭

如果有小顆芋頭的話，我會拿來做成香蒸小芋頭。據說這道料理的日文會叫做衣かつぎ*，是因為會用手指按壓外皮，感覺就像是脫掉衣服一樣。剛蒸好的芋頭真的好軟，彷彿會在口中融化般。稍微沾點自己喜歡的口味品嘗。賞月之日，配上香蒸小芋頭淺酌。這可是當季才有的風味。

十月×日 蔥炒小芋頭

將生芋頭直接下鍋翻炒，蓋上鍋蓋，以燜燒方式煮熟。表面稍微帶點焦色會相當美味。芋頭和蔥薑佐料非常契合。我喜歡以蒜頭油拌炒後，放上起司一同享用，是道非常下酒的料理。

香蒸小芋頭

材料（2～3人份）

鮮採芋頭　（小）9顆

鹽、味噌等（依個人喜好）　酌量

做法

❶　用菜瓜布將芋頭刷淨，連皮放入已經開始冒蒸氣的蒸鍋。當芋頭變軟，竹籤能輕鬆插入時，即可取出。稍微切掉頂端，排於容器中。依喜好佐上鹽或味噌，沾取後品嘗。

※品嘗時，用手指握持芋頭中段，稍微施力按壓，就能將芋頭壓擠出來。

＊衣かつぎ（きぬかづき）：把芋頭皮脫到一半的樣子，像是平安時代貴族女性外出時的衣被（用於蒙面的薄紗小衣），因此得名。

蔥炒小芋頭

材料（2～3人份）

芋頭　（小）5顆（250g）

蔥　（較細）2根

薑　（切細絲）　1/2瓣

鹽　1/3小匙

胡椒　少許

米糠油　1又1/2大匙

做法

❶　用菜瓜布將芋頭刷淨，削皮後，斜切成7～8mm厚。蔥切成小塊。

❷　將米糠油倒入平底鍋加熱，放入蔥薑拌炒。蔥炒軟後，加入芋頭，蓋上鍋蓋燜燒。芋頭變熟後，撒入鹽、胡椒，繼續翻炒，直到芋頭帶焦色。

炸芋香菇羹

這裡的芋頭是直接下鍋油炸。雖然可以汆燙後再炸，但總覺得直接下鍋油炸的話，嘗起來的感覺會更飽滿。可以澆淋有著滿滿香菇的羹汁或是碎肉羹。另外也很推薦直接下鍋油炸後，沾取田樂味噌或柚子味噌享用。

炸芋香菇羹

材料（2～3人份）

芋頭　5顆（約600g）
鮮香菇　2朵
杏鮑菇　（小）1支
高湯　1杯
A｜淡味醬油　1小匙
　｜鹽　1/4小匙
B｜太白粉、水　各1又1/2小匙
米糠油　適量
柚子皮（切細絲）　少許

做法

❶ 用菜瓜布將芋頭刷淨，切掉上下兩端（圖a），接著以相同寬度縱削外皮（圖b）。用乾布或廚房紙巾施力擦拭，去除黏液（圖c）。

❷ 將❶放入較厚的鍋中，倒入冷的米糠油，大約是芋頭的8分高，以小火加熱。偶爾翻面，維持小火油炸15～20分鐘。芋頭軟到竹籤能輕鬆插入時，即可撈起。

❸ 杏鮑菇直切成半，接著縱切薄片，再切成細條狀。香菇去蒂頭，對半切後，再切成薄片。與高湯一同放入鍋中，加A烹煮。香菇煮熟後，倒入充分混合的B勾芡。

❹ 將❷盛裝於容器，澆淋❸，再佐上柚子皮。

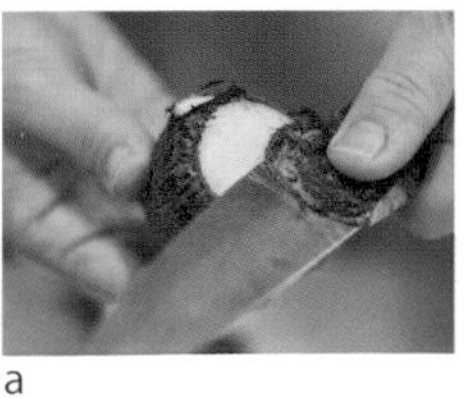
a

b

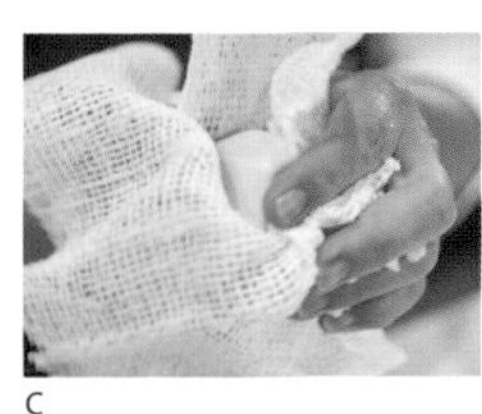
c

菇類

可單獨使用，混合搭配更是美味

關於菇類

以前去拜訪位在長野縣中野市的養菇農家時，發現香菇是種在小屋中，有做全面性的管理栽培，因此不會有秋天風味特別好，或是夏天味道變差的情況。據說一整年都能以相同狀態出貨。

長在原木上的野外香菇度過冬天後，會被稱為春子，鮮味十足。度過夏天的香菇被稱為秋子，特色在於其香氣。其他自然生長於山裡的野生種松茸、舞菇及滑菇的產季皆為秋季。梅雨及夏季的炎熱會對秋收帶來影響，這一切都是大自然給予的恩惠呢。

鮮香菇
鴻喜菇
金針菇
杏鮑菇
舞菇
黑木耳

菇類的保存&前置處理

買了菇類後要立刻烹調。若就這麼冰在冰箱冷藏，菇類就會變得潮濕塌陷，有損美味。若沒有要立刻使用，則可先做汆燙或烹煮。直接冰入冷凍也是個可行的方法。菇類勿水洗，可用菜瓜布刷除在意的髒污，或是用擦手紙擦拭。水洗將有損風味，須特別留意。

只要將髒污稍微擦拭，無須清洗就能使用。

十一月×日

汆燙菇雙品

這兩道料理都是使用稍微過水汆燙的菇類。無法立刻烹調菇類時，可先汆燙、加鹽後，放入瓶中冷藏保存，並在3～4天內使用完畢。已先前置處理過的菇類很快就能做成一道料理。若是汆燙菇類，則可拌入白味噌、拌芝麻、拌海苔，非常適合用來做成副菜。

薑味醬油菇

蘿蔔泥拌菇

材料（3～4人份）
杏鮑菇　1支（50g）
鮮香菇　3朵（50g）
金針菇　1袋（100g）
舞菇　1包（150g）

● 蘿蔔泥拌醬
白蘿蔔　200g
小松菜　1株
A｜魩仔魚　1撮（10g）
　｜鹽　2撮

● 薑味醬油拌醬
海帶芽（乾貨）　10g（泡開後變100g）
薑（切細絲）　1瓣
醬油　2小匙

做法

❶ 汆燙菇類。杏鮑菇先對半縱切、橫切後，再縱切成薄片。香菇去蒂頭（底部較硬處），切薄片。金針菇則是切除底部，接著將長度切半並剝開。舞菇同樣切除底部後剝開。

❷ 於鍋中將水煮沸，放入杏鮑菇、香菇、金針菇。浮起後，繼續汆燙1分鐘，接著以濾網撈起，放涼。放入舞菇，以相同方式汆燙。

❸ 製作蘿蔔泥拌醬。將白蘿蔔磨成泥，稍微擠掉湯汁。小松菜以熱水汆燙，瀝乾放涼，切成2cm長，再擠掉湯汁。將材料全放入料理盆，加入一半的❷半量、A拌勻。

❹ 製作薑味醬油拌醬。海帶芽浸水泡開，切成容易入口的長度。混合剩餘的❷與薑，加入醬油拌勻。

三月×日

鮮菇排

撐過寒冬的春子香菇厚度十足，可多花點時間以油慢火熱煎，做成鹹鹹的奶油風味。雖然很簡單，卻能充分品嘗到香菇的鮮味。這也是我們家很常做的配酒菜。

十月×日

鮮菇湯

菇類入湯的話，會帶出黏稠感，也更容易品嘗。特別是鴻喜菇與金針菇的黏度較強，因此常被用來煮湯或做為勾芡料理的食材。我家還會把飯和麵放入湯中享用。先生喜歡加點會辣的調味，我喜歡稍微淋點醋，再撒些現磨黑胡椒。女兒則是會加蛋液在湯裡，就成了份量滿點的鮮菇蛋花湯。

鮮菇排

材料（2～3人份）
鮮香菇　8朵
鹽　1撮
橄欖油、奶油　各1大匙

做法

❶　去除香菇梗（圖a）。

❷　橄欖油倒入平底鍋加熱，慢火熱煎香菇兩面（圖b）。煎到帶色後，再加入奶油，使其融化裹附在香菇上。盛盤後，撒鹽。

a

b

十月×日

鮮菇照燒雞

剛好有拿到特大朵的香菇，於是將整朵大香菇直接下鍋熱煎，再搭配雞肉擺盤，讓家人們各自切食享用。香菇在其中也扮演著醬汁的角色。這次雖然是用醬油與味醂調成鹹甜風味，但也可以加奶油香煎後，再以鹽、胡椒調味，或是用魚露、蠔油調配成中式風味，撒點義大利香醋或紅酒醋，就會變得清爽美味。

鮮菇照燒雞

材料（2 人份）
鮮香菇　（特大）2 朵
雞腿肉　2 片（500g）
鹽、胡椒　各適量
醬油、味醂　各 1 大匙
米糠油　1 大匙

a

b

做法
❶　切掉香菇梗。將雞肉撒鹽、胡椒。
❷　加熱平底鍋，放入雞肉時，雞皮朝下，無須倒油，將兩面煎至酥脆後，起鍋盛盤。
❸　拭淨平底鍋，加熱米糠油，將香菇兩面慢火熱煎。帶色後，擦掉熱油（圖 a），倒入醬油、味醂使香菇沾附醬汁（圖 b），連同醬汁擺放在❷的雞肉上。

鮮菇照燒雞

材料（2 ～ 3 人份）
鴻喜菇　1 包（100g）
金針菇　1 袋（100g）
豬五花肉（切片）　2 片（50g）
豆腐（木綿豆腐或嫩豆腐）　1/2 塊
高湯　2 杯
A｜鹽　1/3 小匙
　｜淡味醬油　少許
　｜雞高湯粉顆粒（中式）　少許
B｜太白粉　1 小匙
　｜水　2 小匙
細蔥（切小段）　1 根
薑（磨泥）　少許
芝麻油　適量

做法
❶　切掉鴻喜菇底部，剝開。金針菇也是切掉底部後，將長度切半，剝開。豬肉則是切小塊。
❷　將❶放入鍋中，澆淋 2 小匙芝麻油，加熱稍微拌炒，接著加入高湯烹煮。
❸　菇類煮熟後，再加入用手大塊剝開的豆腐，以 A 調味。接著以混合好的 B 勾芡，關火。
❹　加入青蔥與薑，盛裝於容器，再澆淋些許芝麻油。

十月×日

奶油燉香菇

除了鮮奶油，還可使用酸奶油、牛奶、豆漿來燉煮。要將菇類切大塊點，或是切小塊，不同切法會讓料理呈現出完全不同的感覺，可以試著花點心思在切法上。我只切掉香菇蒂頭的最底部，香菇梗本身富含鮮味，還充滿嚼勁，因此保留加以使用。

十一月×日

熱炒黑木耳

日本國產的新鮮黑木耳厚度十足，口感Q彈柔軟。不同於乾燥黑木耳，新鮮黑木耳無須泡開，能立刻使用，相當方便。新鮮黑木耳熟得快，也很好入味，用來短時間烹調料理可說再適合不過了。最近也會看見日產的乾燥黑木耳呢。

奶油燉香菇

熱炒黑木耳

材料（2～3人份）

黑木耳　100g
雞腿肉　1/2片（150g）
薑（切細絲）　1瓣
鹽　1撮
魚露　1小匙
米糠油　1大匙

做法

❶　去除黑木耳蒂頭，較大片的黑木耳切半後，再切成1cm寬。

❷　去除雞肉多餘的油脂，切成同黑木耳的大小。

❸　將米糠油倒入平底鍋加熱，放入雞肉與薑，撒鹽翻炒。雞肉變色後，加入黑木耳拌炒。食材變得油亮時，即可添加魚露調味。

奶油燉香菇

材料（2～3人份）

鴻喜菇、杏鮑菇
　各1包（各100g）
鮮香菇　3朵（50g）
洋蔥　1/2顆
雞腿肉　1/2片（150g）
大蒜（切片）　1瓣
麵粉　2小匙
鹽　1/2小匙
鮮奶油　1杯
奶油、橄欖油　各1大匙
巴西里（碎末）　適量

做法

❶　切掉鴻喜菇底部，剝開。杏鮑菇對半縱切，再斜切一半（如圖）。切掉香菇蒂頭底部後，縱切4等分。洋蔥縱切成1cm寬。

❷　去除雞肉多餘的皮及油脂，切成一口大小。

❸　將奶油與橄欖油倒入鍋中加熱，翻炒洋蔥與大蒜。洋蔥變透亮後，加入雞肉拌炒。雞肉變色後，撒點麵粉繼續拌炒，當雞肉感覺不再帶粉時，加入菇類翻炒，變軟後，加1杯水烹煮。

❹　雞肉變熟後，加鹽調味，接著倒入鮮奶油，稍微烹煮。盛裝於容器，撒點巴西里。

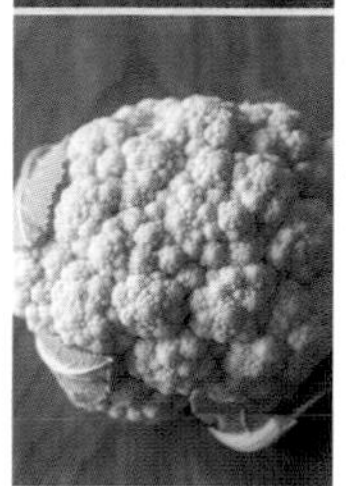

橘色花椰菜

白花椰

連菜梗都很好吃。
若夠新鮮，就能生吃。

十二月×日

豆漿白花椰燉湯

不將花椰菜分成小朵，而是整顆放入鍋中。煮軟後，就能用湯匙或勺子分切成一口大小，省去了切成小朵的時間，準備起來也更加迅速。各位可像下述作法一樣，保留花椰菜原本的形狀盛盤，也可整個壓爛，感覺就會像是餡料較大塊的濃湯。

豆漿白花椰燉湯

材料（2～3人份）

白花椰＊　1顆（300g）

肩里肌豬肉（涮涮鍋用）　80g

高湯　適量

豆漿（無調整）　2杯

鹽　適量

＊這裡使用的是橘色花椰菜，但其實白花椰與橘花椰的味道及口感皆相同。

a

b

做法

❶　切掉白花椰菜梗下方。

❷　準備能擺入整顆白花椰，尺寸稍大的鍋子，放入白花椰，加入高湯至白花椰的一半高度（圖a），添加1/4小匙的鹽，蓋上防溢料理紙（圖b），以較弱的中火烹煮，直到白花椰變軟到能夠散開。

❸　倒入豆漿加熱，試味道後，再加入2撮的鹽調味。將豬肉放入空隙，待豬肉變色，煮熟後即可完成。用勺子將白花椰切成一口大小，盛裝於容器後，佐上豬肉，倒入湯汁。

十二月×日

白花椰咖哩

使用的食材只有白花椰及洋蔥。白花椰很軟，所以就算食材切得比較大塊，還是能與咖哩醬汁、白飯充分融合在一起。白花椰熟得很快，因此要先把洋蔥煮軟後，再放入白花椰。

二月×日

白花椰香菜沙拉

我是到了最近才開始生吃白花椰。在外用餐時，有時也會看見生白花椰佐在肉類料理旁一同上桌，直銷所的伯母也教我怎麼料理，現在我自己同樣會用生白花椰來做菜。與其切成厚厚的小朵白花椰，我選擇切成較薄的薄片，充分吸收淋醬後再品嘗。

白花椰咖哩

白花椰香菜沙拉

材料（2～3人份）
白花椰　1/3顆（100g）
香菜　1/2株
A　芝麻油　1小匙
　鹽　2撮
　魚露　少許

做法

❶ 將白花椰分成小朵，再縱切成5mm厚。香菜則切成1cm長。

❷ 將白花椰放入料理盆，加A拌勻。接著加入香菜混合，盛裝於容器。

材料（2～3人份）
白花椰　1顆（300g）
洋蔥　1顆
大蒜、薑
　（分別切碎末）各1瓣
咖哩粉（顆粒狀）　70g
醬油　少許
米飯（溫熱）　適量
橄欖油　2大匙

做法

❶ 白花椰分成小朵（如圖）。洋蔥切成8等分的半月條形。

❷ 將橄欖油、大蒜、薑放入燉煮鍋，開火加熱，以小火拌炒。飄出香氣後，加入洋蔥，繼續炒至洋蔥變透亮。倒入3杯水，將洋蔥燉煮軟爛。

❸ 加入❶的白花椰，煮到變軟。先關火，加入咖哩粉，待咖哩粉融化後，再加醬油，並關火。於容器盛裝白飯，澆淋大量咖哩。

十二月×日

綠花椰扇貝羹

這是道只要有扇貝柱罐頭，就能立刻完成的菜餚。以罐頭的味道做調味。濃稠的芡羹能整個裹住花椰菜。除了扇貝柱罐頭，亦可改用蟹肉罐頭，或是將蝦子切碎，甚至做成絞肉羹。

十二月×日

綠花椰義大利麵

將綠花椰汆燙到軟爛，壓碎後做成義大利麵醬。綠色醬汁看起來非常搶眼。先做好醬汁備用，等要吃的時候再汆燙義大利麵，拌一拌就能快速做出一道料理。花椰菜醬汁用來搭配汆燙馬鈴薯或烤到酥脆的吐司也非常美味。

綠花椰

汆燙程度能改變風味

綠花椰扇貝羹

材料（2～3人份）

綠花椰　（小）1顆（200g）

扇貝柱（罐頭／水煮）（小）1罐（70g）

芝麻油　1/2小匙

魚露　少許

A｜太白粉　1小匙

　｜水　2小匙

做法

❶ 切掉綠花椰菜梗下方。分成菜梗與花苞。將菜梗長度切半、削皮，切成2cm寬的條狀。花苞則分切成小朵。

❷ 將菜梗放入熱水汆燙，差不多變軟後，再加入花苞汆燙。瀝掉熱水，擺在料理盤上，趁熱澆淋芝麻油（如圖）。

❸ 將扇貝柱連同湯汁倒入鍋中，加80mℓ的水煮滾，接著添加魚露調味。加入充分混合的A勾芡。

❹ 將❷盛裝於容器，澆淋❸。

綠花椰義大利麵

材料（2～3人份）

綠花椰　1顆（300g）

短義大利麵（筆管麵）　200g

大蒜（切片）　1瓣

鮮奶油　1/2杯

鹽、黑胡椒（粗粒）　各適量

橄欖油　2大匙

做法

❶ 稍微切掉綠花椰菜梗下方。分成菜梗與花苞。菜梗削皮後，切成1cm塊狀。花苞則是分切成小朵。

❷ 將菜梗放入熱水汆燙，差不多變軟後，再放入花苞，充分煮軟。撈起，瀝乾水分，接著放入料理盆，以叉子壓碎。

❸ 再次煮滾❷的熱水，加入1大匙鹽，依照包裝袋指示，汆燙短義大利麵。

❹ 將橄欖油與大蒜倒入平底鍋，以小火加熱，翻炒至稍微帶色。加入❷的綠花椰，稍微拌炒，接著加入鮮奶油，煮到稍微收汁。試味道後，加入2撮的鹽調味。

❺ 將汆燙好的短義大利麵瀝乾水分，加入❹充分拌勻，並撒點黑胡椒。

甜菜

汆燙生甜菜，品嘗箇中鮮味

關於甜菜

甜菜是我一直都還蠻留意的蔬菜。雖然罐頭甜菜使用起來很方便，但我也初次嘗試烹調鄰居農家開始栽種的新鮮甜菜。

甜菜外觀上看起來像極了蕪菁，卻與菠菜一樣，同屬十字花科蔬菜。下鍋汆燙或燉煮之後，鍋裡會變成讓人著實嚇一跳的紫紅色，但卻是羅宋湯這道代表性料理不可或缺的食材。剛開始烹調時，甜菜雖然會帶點土味，經過前置處理後，味道便會散去，呈現出甜味與些許的酸味。或許也是因為這個緣故，燉煮過後或湯品的味道非常柔和、清爽。小顆的甜菜還可直接生吃。削成薄片後，浸入甜醋中，亦可與淋醬拌勻品嘗。

前置處理

我分別用汆燙與烤箱燜燒來前置處理甜菜，後者的口感相當鬆軟。各位可依照後續的料理烹調方式，決定要使用哪種前置處理。

切掉甜菜的葉子，連皮整顆放入裝滿水的鍋中汆燙。竹籤能輕鬆插入甜菜時即可起鍋。另外還可將一顆顆的甜菜分別用錫箔紙包裹，放入200℃的烤箱中烘烤（500g重，較大顆的甜菜約須烘烤1小時）。

甜菜既有紫紅色，也有粉紅色，尺寸更是有大有小。

醃漬甜菜也很美味

農家的伯母建議我，較小顆的甜菜可以直接生吃，於是我立刻試作看看。甜菜帶有挺拔的葉片，但咬一口之後，發現並不是那麼美味，於是選擇切除。切掉後，會看見螺旋狀的紋樣，適合用來做成漂亮的醋漬甜菜。搭配牛排或燒肉時，能使口中變得清爽，讓人想繼續品嘗肉類。

甜醋漬甜菜

切掉3顆生甜菜（小、150g）的葉子，連皮切成圓薄片。將2小匙砂糖、1大匙醋、1/4小匙鹽混合，加入甜菜拌勻，醃漬3小時～半天左右。

十一月×日

甜菜馬鈴薯沙拉

紫紅色的馬鈴薯沙拉。從顏色完全無法想像，這竟會是一道非常適合大人的清爽沙拉。將馬鈴薯與汆燙甜菜一同壓碎的話，不出多久馬鈴薯就會變成甜菜的顏色。就算放著也不會褪色，能維持住顏色，因此非常適合做為簡單卻不失誠意的料理。

十一月×日

燉甜菜

這是一道既像羅宋湯，又像燉菜的料理。並沒有硬性規定非得搭配哪種蔬菜。煮好時的顏色就像圖片一樣，但放置一晚後，整鍋會被染成更鮮豔的甜菜顏色。將剩下的蔬菜用調理機打碎後，與牛奶混合，就成了粉紅濃湯。

甜菜馬鈴薯沙拉

材料（2～3人份）

甜菜（已處理過）
（小）2顆（100g）

馬鈴薯　3顆

洋蔥　1/4顆

A｜砂糖、醋　各1大匙

B｜美乃滋　2大匙
　橄欖油　1又1/2大匙
　鹽　2撮

做法

❶ 洋蔥縱向切成薄片，與A混合備用。

❷ 馬鈴薯連皮汆燙，變軟後將皮剝除。放入料理盆，趁熱壓碎，立刻加入❶混合。

❸ 甜菜去皮後，切成1cm塊狀並放入❷，接著加入B，混合拌勻。

燉甜菜

材料（2～3人份）

甜菜（已處理過）
（大）1顆（500g）

芹菜　（小）1支

胡蘿蔔　1根

洋蔥　1顆

香腸（西班牙香腸）
2根（130g）

大蒜（壓碎）　1瓣

鹽　1/2小匙

橄欖油　1大匙

做法

❶ 甜菜去皮後，切成一口大小。

❷ 芹菜去絲，切成一口大小，芹菜葉則稍微剁碎。胡蘿蔔切成1cm厚的半圓形，洋蔥縱切成6～8等分的半月條形。香腸則斜切成2cm寬。

❸ 在燉煮用的鍋具中放入橄欖油與大蒜拌炒，飄出蒜香後，加入❷拌炒。食材變得油亮後，加入3杯水烹煮。煮滾後，加入甜菜，蓋上鍋蓋，燉煮20分鐘左右。最後加鹽調味。

白蘿蔔

買來整條的帶葉白蘿蔔料理品嘗

削掉厚厚一層皮，製作滷物，削掉的皮則可做成金平蘿蔔皮，百分之百完全利用。

關於白蘿蔔

最近較受歡迎的是青首白蘿蔔。從長葉處開始1/3左右的部分呈現綠色，短時間就能栽培變胖，相當耐病蟲害，再加上形狀漂亮，進入收成期時，會從地面隆起，較容易拔出收成。據說也是因為這樣，容易栽培與收成的青首白蘿蔔開始普及種植於日本全國。

葉子快速汆燙後，可為料理增添點綠色，還可加油熱炒，或是燉煮成風味濃郁的佃煮料理。我母親會將葉片較軟的部分剁碎後，放入冰箱冷凍保存。事後再將未解凍的葉片碎末放入味噌湯中增添綠色。

白蘿蔔近頭部的位置較甜，多半會磨泥、淺漬、做成沙拉等生吃料理，中間段則適合滷或炒，白蘿蔔的尾端較為辛辣，可磨泥後，做為蕎麥麵的佐料使用。

白蘿蔔買回來之後，要立刻切掉蘿蔔葉。水分會不斷從葉子蒸發流失，使白蘿蔔縮水，因此須特別留意。當然在製作蘿蔔乾等漬物時，也可利用水分會蒸發的特性，將白蘿蔔垂吊綁在棒子上曬乾。這樣能讓白蘿蔔一天天地縮水，曬出漂亮的蘿蔔乾。

關於三浦白蘿蔔

我居住在三浦，這裡有許多田地，種植著以三浦為名的白蘿蔔。這種白蘿蔔的特色在於葉子根基處內縮，中段則是呈膨脹變胖的形狀。甚至比青首白蘿蔔大上一兩圈。我還記得第一次購買時，很擔心會不會重到把袋子撐破。在三浦，會用三浦白蘿蔔製作新年的醋漬蘿蔔絲（なます）。三浦白蘿蔔切開後水分十足，相當透徹漂亮。農家的伯母還跟我說，可以和醋漬日本鯷一起拌勻品嘗。

曬蘿蔔

這次的食譜中雖然沒有介紹，但各位務必嘗試自製蘿蔔乾。將切成細條或薄片的白蘿蔔鋪放在篩子上，曝曬日照變乾。可以曬個半天，讓蘿蔔乾還稍微帶點水分，也可曬一整天，讓表面完全乾燥，甚至多曬幾天，曬到像是市售的蘿蔔乾一樣，變得乾巴巴。既然是自己曬，就能依喜好決定要曬到什麼程度，各位不妨多加嘗試。可以做成沙拉、拌物，或是將曬到乾巴巴的蘿蔔乾下鍋油炸，就是非常配啤酒的小菜。另外還有接下來要介紹的金平蘿蔔皮，用蘿蔔乾來製作也相當美味。

金平蘿蔔皮

汆燙白蘿蔔的時候，必須削掉厚厚的一層蘿蔔皮。蘿蔔皮附近帶有纖維，會影響口感。不過，若要丟掉那厚厚一層蘿蔔皮實在可惜，於是我把蘿蔔皮切成細條，做成金平蘿蔔皮。日照曝曬半天後再下鍋翻炒，甚至能增加甜味。食譜是與魩仔魚一起混拌，因此大約只能存放3～4天。若是單獨炒燉蘿蔔皮，則能存放1週左右。

將450g的蘿蔔皮切成細條狀。於鍋中加熱1大匙米糠油，放入蘿蔔皮拌炒，當皮變透亮時，加入1/2小匙鹽、1小匙醬油、2把魩仔魚繼續拌炒。關火，撒入1包柴魚片，稍微混拌。

金平蘿蔔皮

十一月×日

蘿蔔泥燉肉

將靠近蘿蔔葉，較甜的部分磨成泥。放在濾網上，稍微瀝掉水分再加入的話，將能吸收高湯，變得更加美味。滷蘿蔔泥也很適合與魚類的滷物做搭配。較粗的蘿蔔泥口感清脆，慢慢磨細的蘿蔔泥則能讓甜味增加，猶如蛋白霜。各位可依適合料理的方式研磨成泥。事先製作有損蘿蔔泥的風味，因此須等料理時再研磨。

十一月×日

氽燙蘿蔔排

用油把煮軟的白蘿蔔煎到焦脆，做成像排餐一樣。這是我將煮熟的蘿蔔塊油炸、熱煎，做了多種嘗試後，非常喜歡的做法。如果只是滷過的白蘿蔔，先生可一點都不捧場，但若是過點油的話，

蘿蔔泥燉肉

氽燙蘿蔔排

材料（2～3人份）

白蘿蔔　1/3根（600g）
豬五花肉（切片）　160g
舞菇　1包（100g）
高湯　2杯
鹽　稍多於1/2小匙
醬油　1小匙
柚子　（小）1顆

做法

❶　將豬肉切成7～8cm長。以廚房紙巾擦拭舞菇的髒污，剝成大塊。

❷　高湯放入鍋中煮沸，加入舞菇、鹽。將豬肉一片片分開並放入鍋中，以醬油調味烹煮。

❸　將白蘿蔔連皮磨成泥，瀝掉汁液（如圖）後加入，稍微烹煮。佐上切半的柚子，擠入汁液後品嘗。

就會非常買單。我還嘗試用炒過的白蘿蔔葉替代做為沾醬。除了可以和培根一起炒過後，擺放在蘿蔔塊上外，還可以熱煎肉排後，與白蘿蔔疊放擺盤。在用油熱煎過的蘿蔔塊擺上柚子味噌的話，將成為一道油香非常宜人的料理。

材料（2 人份）

汆燙白蘿蔔（容易製作的份量＊）

- 白蘿蔔　1 根（1.8 kg）
- 米　1 把
- 昆布（7 ～ 8 cm）　1 片

白蘿蔔葉　70g

橄欖油　1 大匙

鹽、太白粉　各適量

A
- 水　1 大匙
- 醬油　1 小匙

＊料理使用了 2 塊蘿蔔塊。剩餘的可以用來做牛肉蔬菜鍋、奶油燉菜或是味噌湯。

做法

❶　汆燙白蘿蔔。將蘿蔔切成 4cm 厚的圓塊，削掉厚厚一層皮。於鍋中放入白蘿蔔與大量的水，加入米，轉成會咕嚕咕嚕滾沸的火候，汆燙約 1 小時。蘿蔔變軟後，即可取出，稍微放涼並清洗。

❷　鍋子洗淨，再次放入白蘿蔔，倒入能蓋住蘿蔔塊的水，加入昆布烹煮 10 分鐘左右。關火並放涼。

❸　取出 2 塊❷的白蘿蔔，拭乾湯汁，稍微撒點鹽，兩面塗抹大量太白粉。將蘿蔔葉剁碎，撒入少許鹽搓揉，靜置片刻。

❹　將橄欖油倒入平底鍋加熱，擺入蘿蔔塊（如圖），慢火煎至兩面帶色後，即可盛盤。接著將❸的蘿蔔葉瀝乾汁液，放入平底鍋拌炒，炒軟後，加入 A 稍微炒過，最後擺放在蘿蔔塊上。

十二月×日

蘿蔔葉煎餃

聽我開始務農的友人說，他在種植白蘿蔔時，會用疏苗收成的蘿蔔葉做成餃子。順道一提，這些疏掉的菜葉又稱為「疏拔」（おろぬき），在我家附近的直銷所也會擺出來販售。蘿蔔葉加熱後會變甜，只要切碎時葉子夠軟，就能做出像食譜一樣的餃子。若葉子較硬的話，則須費點工，稍微汆燙後再使用。

蘿蔔葉煎餃

材料（48 顆）

蘿蔔葉（軟葉部分）　250g

水餃皮　2 袋（48 片）

豬絞肉　200g

鹽　2 小匙

A
- 薑（磨泥）　1/2 瓣
- 魚露　1 小匙
- 太白粉、芝麻油　各 1 大匙

米糠油　適量

a

b

做法

❶　剁碎蘿蔔葉（圖 a），撒鹽搓揉，靜置片刻。

❷　將絞肉與 A 放入料理盆，加入瀝乾水分的❶，用手充分混合（圖 b）。

❸　將❷的餡料放在水餃皮上，捏裹包住。

❹　於平底鍋倒入 1 大匙米糠油加熱，排列一半的❸熱煎。底部煎出顏色時，加入 1/2 杯的水，蓋上鍋蓋，以大火燜燒。水變少後，轉為中火，打開鍋蓋，讓水分完全收乾。底部煎到焦脆時，即可取出盛盤。剩餘的餃子也以相同方式熱煎。

白蘿蔔蛤蠣湯

二月×日

白蘿蔔可與任何一種高湯搭配。雞高湯、柴魚高湯、昆布高湯，換成不同的高湯燉煮、煮湯都會令人非常期待，其中又以蛤蠣高湯最為特別。先將大蒜用油炒香，再將帶有蒜香的油與蛤蠣高湯混合的話，就成了更鮮、更美味的湯品。這裡的蛤蠣只取高湯使用，用法雖然有點奢侈，但蛤蠣肉可做成佃煮外，還可做成什錦飯、蛤蠣義大利麵、拌物食材等，物盡其用。

白蘿蔔蛤蠣湯

材料（2～3人份）
白蘿蔔　1/2根（900g）
大蒜（壓碎）　1瓣
蛤蠣高湯＊　適量
鹽　1/2小匙
橄欖油　1大匙

＊蛤蠣高湯做法
取1盒蛤蠣（200g）浸鹽水吐沙，互搓蛤蠣殼做清洗。放入鍋中，加入3杯水，以較弱的中火加熱。蛤蠣打開後，關火，將湯汁與蛤蠣分開。湯汁做為高湯使用，蛤蠣則是去殼後，用來製作其他料理。

做法
❶　將白蘿蔔切成4～5cm厚，接著對切一半。削掉厚厚一層皮，亦可稍微削掉邊緣的稜角。
❷　將橄欖油與大蒜倒入鍋中，以小火加熱，飄出香氣後，加入白蘿蔔稍微翻炒，接著倒入蛤蠣高湯，無須整個蓋過食材（如圖）。
❸　以稍弱的中火烹煮40～50分鐘，直到白蘿蔔變軟，加鹽調味。蛤蠣本身就會鹹，因此可試過味道後，再加以調味，最後佐上黃芥末（份量外）品嘗。

白蘿蔔燉牛肉

二月×日

我將白蘿蔔切成大塊，做成品嘗起來很有份量的燉物。可用筷子將煮軟的滷物切開品嘗。光是陳述這些字句，就讓我想起白蘿蔔的味道。食譜中雖然是添加牛肉，但也可以改用帶骨的雞肉或豬肉烹煮。開始料理時不用調味，先以酒、砂糖及高湯將白蘿蔔煮軟，接著再添加醬油。如此一來白蘿蔔與肉才能充分入味。加辣及大蒜一起烹煮的話，還能瞬間變成韓式風味料理。

白蘿蔔燉牛肉

材料（3～4人份）

白蘿蔔　1/2根（900g）

肩里肌牛肉或里肌肉（厚片）　300g

牛脂　1顆（或1大匙米糠油）

高湯　約2杯

酒、砂糖　各2大匙

醬油　3大匙

做法

❶　白蘿蔔切成5～6cm厚，削掉厚厚一層皮，縱切成4等分。牛肉切成一口大小。

❷　鍋子加熱，融化牛脂，放入白蘿蔔與牛肉，搖晃鍋子，讓食材變得油亮（如圖）。

❸　肉變色後，加入高湯，高度為食材的2/3高，接著加入酒與砂糖，蓋上鍋蓋，烹煮40～50分鐘。

❹　竹籤能輕鬆插入白蘿蔔時，添加醬油，拿起鍋蓋後，再繼續烹煮10分鐘左右。

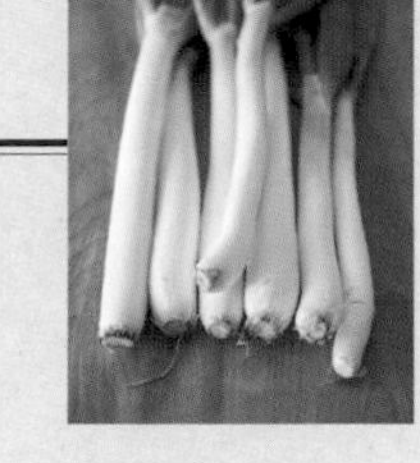

蔥

冬天會變得又粗又甜

關於蔥

冬天的蔥會變更甜，然後很軟。下刀時的感覺完全不同，在切產季出產的蔥時，會帶點快感。若是使用剛磨好的刀具，銳利刀鋒切出的切面實在漂亮，因此這個季節我也會特別花心思去磨刀。

我除了會將蔥切成小塊、碎末，或是白髮蔥絲，用來做為佐料外，在烹煮、汆燙雞肉及魚類時，也會用蔥葉的部分去腥，或是做為湯類的綠色點綴、炒物的佐料等。蔥白部分既可滷、也可煎，還可直接下鍋油炸後，再浸入沾麵醬油，裹麵衣炸成天婦羅也非常美味。蔥炸過後，中間的芯會很燙，品嘗時務必特別留意。雖然知道很燙，我還是多次為了熱騰騰地品嘗，吃太急因此燙到嘴巴。

甜醋漬蔥

蔥浸漬甜醋後，能夠消除辛辣，變得更好入口品嘗。蔥的口感較硬時，我會先切成碎末再使用。由於可存放2～3天，建議各位放入容器，冷藏保存享用。除了做成甜醋漬蔥外，還可以佐上番茄沙拉，或是鋪在吐司上，擺點起司再烘烤，也是非常美味。剩餘量變少時，則則可做為淋醬的材料。

甜醋蔥

將 1 根蔥（100g）切成小塊，混合 2 瓣切成細絲的薑，撒入 1/2 小匙鹽並搓揉。加入 2 大匙醋、1 大匙砂糖混合，浸漬半天左右。放入容器，冷藏保存。

燒肉佐甜醋蔥

在燒烤用的牛五花撒鹽與胡椒，平底鍋無須倒油，直接將牛五花放入，依喜好煎烤兩面後盛盤。擺放大量甜醋蔥（參照上述），撒上適量的粗磨白芝麻。

蔥燒鍋

一月×日

這是用蔥的甜加上馥郁香氣製成的鍋物料理。由於到了能夠天天吃火鍋的季節，因此可以改變切蔥的方法，或是以火網烘烤、用平底鍋煎到變色、下鍋油炸到酥脆，享受滿滿的蔥火鍋。

蔥燒鍋

材料（2～3人份）

蔥　（特大）2根（800g）*

豬肉（涮涮鍋用）　200g

A
- 高湯　6杯
- 魚露　1大匙
- 鹽　1小匙

*建議盡量使用較粗胖的蔥。

做法

❶ 蔥切成6cm長，洗淨蔥葉與蔥白分歧處的污泥（圖a），接著再將所有蔥段對半縱切。

❷ 平底鍋無須倒油，直接擺放❶，表面煎到焦脆（圖b）。

❸ 將A倒入鍋中加熱，放入適量的❷烹煮，煮滾後，將豬肉一片片放入，稍微煮熟。逐次放入要食用的蔥、豬肉，邊煮邊享用。

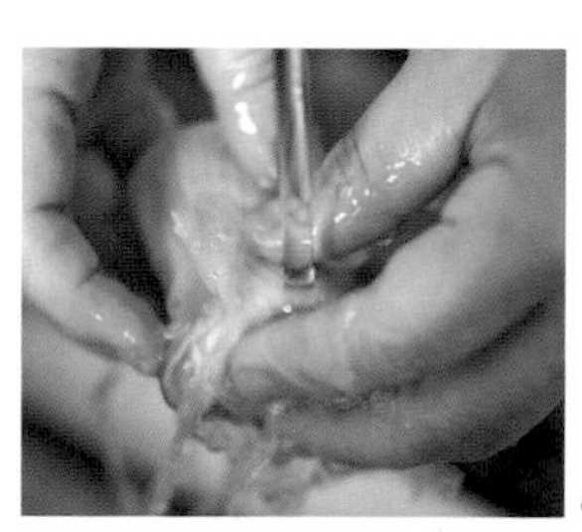

a

b

一月×日

白味噌滷蔥

這道料理雖然簡單，濃厚黏稠的白味噌充分入味到蔥裡頭，相當好下飯與下酒。由於蔥又粗又軟，橫放時，裡頭的芯會從旁掉出，因此我試著豎立擺放。據造型師表示，這樣的擺法很像站起來的蔥。

白味噌滷蔥

材料（2～3人份）
蔥　（特大）1根（400g）
高湯　適量
淡味醬油　1/2小匙
白味噌　1大匙

做法
❶　蔥切成3cm長。
❷　豎立擺入鍋中，倒入高湯，無須整個蓋過食材，加點淡味醬油（圖a），以小火燜煮變軟。
❸　蔥煮軟後，撈起少量湯汁加入白味噌裡，使味噌充分稀釋融化。接著倒回鍋中（圖b），繼續煮到變黏稠。盛盤後，澆淋湯汁。

a

b

一月×日

焗烤奶油蔥

蔥，也是能與西式料理搭配的萬用蔬菜。放進烤箱充分烘烤後，鬆軟的口感，再加上甜味於口中整個擴散開來，迥異的風味甚至會讓人懷疑，這真的是蔥嗎？鮮奶

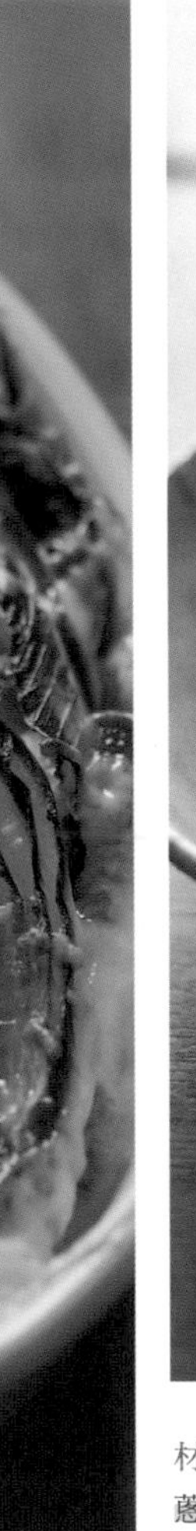

油的濃郁滋味，以及培根的油脂及鹹味亦能更加突顯出蔥味。

焗烤奶油蔥

材料（2～3人份）

- 蔥　（大）1根（200g）
- 培根（塊）　60g
- 鮮奶油　1/2杯
- 披薩用起司　40g

做法

❶ 蔥斜切成1cm寬。

❷ 培根切成6cm長，接著再切成7～8mm寬的條狀。

❸ 將❶、❷放入耐熱容器，倒入鮮奶油（如圖），接著撒入披薩用起司。

❹ 放入預熱250℃的烤箱，烘烤15～20分鐘，直到鮮奶油滋滋作響、起司變焦脆。

一月×日

蔥燒炒麵

就算只有蔥，也能充滿鮮味，做出一道美味的炒麵。料理時的重點，在於慢慢地將蔥與麵炒到飄香，炒到帶焦色。可依喜好用淡味醬油或魚露等調味，並淋點黑醋享用。

蔥燒炒麵

材料（2人份）

- 蔥　（大）1根（200g）
- 油麵　2球
- 鹽　2撮
- 淡味醬油　2小匙
- 芝麻油　適量

做法

❶ 於平底鍋加熱少許芝麻油，直接將黃麵放入，無須撥散麵條，以較弱的中火慢慢熱煎兩面。煎出顏色後，取出備用。

❷ 蔥斜切成薄片，於平底鍋補加2小匙芝麻油，放入蔥拌炒（如圖）。把蔥炒軟，繼續翻炒出顏色，倒入❶的黃麵，加鹽與淡味醬油調味，充分炒勻。

大白菜

天氣愈冷，愈能累積甜分，變得更美味

十一月×日

大白菜炒蛋

用蛋與大白菜取代肉，做成熱炒。肉的鮮味確實與大白菜極為相搭，然而，蛋的濃郁風味及鬆軟柔嫩口感更是能和大白菜相輔相成，顏色呈現上也非常漂亮。大白菜要先將葉與梗分開，由於兩者所須的翻炒時間不同，這樣才能確實將葉與梗炒熟。可使用蠔油或醬油調味。

十一月×日

清蒸大白菜佐芝麻醬

大白菜只要蒸過即可。須將大白菜蒸軟到能用筷子分開。拍攝當天採買食材時，

大白菜炒蛋

材料（2～3人份）

大白菜　1/8顆（250g）
胡蘿蔔　1/4根
黑木耳　（大）2片
韭菜　5根
雞蛋　3顆
砂糖　1小匙
鹽　適量
魚露　1小匙
米糠油　1大匙
黑胡椒（粗粒）　少許

做法

❶　將大白菜的葉與梗分開，切成大塊。胡蘿蔔切成4cm長的薄長方形，黑木耳去掉蒂頭後，切成一口大小。韭菜則切成4～5cm長。
❷　將蛋打散，加砂糖混合。
❸　將米糠油倒入平底鍋加熱，倒入蛋液，大幅攪拌，做成嫩炒蛋後，取出備用。
❹　接著將大白菜梗、胡蘿蔔放入平底鍋，撒2撮鹽拌炒（圖a）。炒熟後，再放入大白菜葉、黑木耳、韭菜繼續翻炒（圖b），加2撮鹽與魚露調味。接著把❸倒入，稍微拌炒後，盛盤，撒點黑胡椒。

a

b

正好看到了只有普通大白菜一半大，名為「娃娃菜」的新品種蔬菜，於是買來使用。娃娃菜除了大小不同外，形狀、味道、柔軟度皆與大白菜相同。

據說娃娃菜就是將大白菜改良成整顆買回，也能全部吃光的尺寸。大白菜切開後，鮮度會明顯變差，一定要趁美味尚未流失前，將整顆使用完畢。

十一月×日

涼拌大白菜

大白菜切絲，撒鹽放軟後，確實瀝乾水分，再拌合喜歡的淋醬或美乃滋。原本想說菜絲的份量已經夠多了，但撒鹽後可是會縮水變少，各位務必努力多切一些。亦可添入火腿、鮪魚、魚板、竹輪來增加份量。

清蒸大白菜佐芝麻醬

材料（2～3人份）

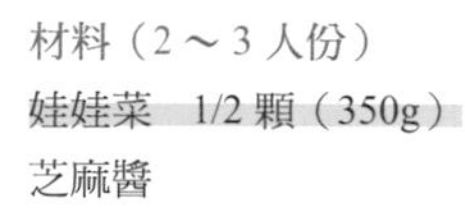

娃娃菜　1/2顆（350g）

芝麻醬

- 芝麻糊（白）　1大匙
- 醋、水　各2小匙
- 砂糖、醬油　各1小匙
- 豆瓣醬　1/2小匙

做法

❶　將娃娃菜放入已開始冒蒸氣的蒸鍋燜蒸。當竹籤能輕鬆插入時菜梗時，即可取出（如圖）。

❷　娃娃菜盛盤後，澆淋充分拌勻的芝麻醬。

涼拌大白菜

材料（2～3人份）

大白菜　1/8顆（250g）

胡蘿蔔　1/4根

鹽　1/2小匙

A
- 美乃滋　1大匙
- 鹽　2撮
- 醋　1/2小匙
- 胡椒　適量
- 橄欖油　1又1/2小匙

黑胡椒（粗粒）　少許

做法

❶　大白菜切成5cm長，接著切絲。胡蘿蔔斜切成薄片後，同樣切絲。將切好的菜絲放入料理盆，撒鹽混合，放置變軟。

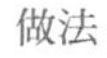

❷　擠掉❶的水分，依序加入A的調味料拌勻。盛盤，撒點黑胡椒。

一月×日

大白菜燒賣

使用外圍的大片菜葉，包入肉餡，蒸成像燒賣一樣的料理。包成細長圓筒狀，再放入湯中燉煮的話，就成了大白菜捲。各位務必試著改變形狀，享受箇中樂趣。包裹時，可使用大量肉餡，亦可減少肉量，增加菜葉份量，充分品嘗大白菜的滋味。葉菜用量較多時，可準備黃芥末醬油，沾醬享用。

一月×日

辣白菜

做燒賣時，切取葉片後剩餘的菜梗可撒鹽使其變軟，接著以甜醋浸漬。若再搭配切小塊的紅辣椒與山椒，就成了道充滿香氣的漬物。亦可切細絲做成涼拌沙拉，或是切成條狀，沾取味噌或美乃滋品嘗。

大白菜燒賣

材料（2～3人份／12～13顆）

大白菜葉　1/4顆*（約200g）

A
- 豬絞肉　150g
- 洋蔥（切丁）　1/4顆
- 細蔥（切丁）　1/3把
- 太白粉　1大匙
- 芝麻油　2小匙
- 魚露、醬油　各1/2小匙
- 鹽　1/4小匙

鋪放於蒸籠的菜梗　3～4片

*切掉菜梗，拿掉中間較小的菜葉。

做法

❶ 用熱水汆燙菜葉直到變軟，以濾網撈起，放涼，充分瀝乾水分。

❷ 將A倒入料理盆充分混合。

❸ 較大的菜葉縱切成2片。撈取一口份量的❷，擺放於菜葉後包起（如圖）。1片菜葉無法包住時，可重疊2片包覆。

❹ 將菜梗鋪放於蒸籠，擺入❸。開始冒蒸氣時，再放入蒸籠，以大火熱蒸7～8分鐘。

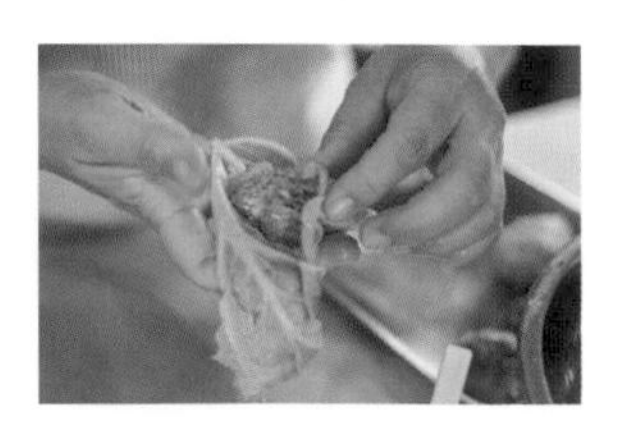

切取葉片後剩的菜梗。

一月×日

大白菜豆漿濃湯

將大白菜煮到軟爛後，搭配豆漿做成口感濃稠的濃湯料理。即便不加水，光靠大白菜就能大量出汁，但蒸煮過後，大白菜的縮水幅度相當驚人。這也意味著大白菜的味道充分濃縮，因此無須添加多餘水分，慢火蒸煮即可。最後亦可用牛奶或高湯替代豆漿做稀釋。在我家，若是白菜火鍋沒吃完時，隔天就會變身為這道濃湯料理。調理打汁後的成品讓人完全聯想不到這竟是剩菜。

大白菜豆漿濃湯

材料（2～3人份）

大白菜　1/8顆（250g）

洋蔥　1/4顆

豆漿（原味）　1杯

鹽　適量

奶油　1大匙

做法

❶　大白菜切成粗塊。洋蔥切成薄片。

❷　奶油放入鍋中融化，將洋蔥炒軟。加入大白菜稍微拌勻，蓋上鍋蓋蒸燜。

❸　大白菜變軟後，移至容器中，加入豆漿，以手持式調理棒將食材打成滑順狀態（如圖），加鹽調味。倒入鍋中加熱後，即可盛盤。

醃白菜

材料（容易製作的份量）

大白菜梗　1/4顆（約200g）

薑（切細絲）　1瓣

鹽　1小匙

甜醋

- 醋　1又1/2大匙
- 砂糖　1大匙

芝麻油　1大匙

做法

❶　將菜梗切成4～5cm長，1cm寬。放入耐熱容器，撒鹽拌勻，放置15～20分鐘。混合甜醋的材料。

❷　擠掉❶大白菜的水分後，再放回容器中，加入甜醋與薑拌勻。

❸　用小鍋子或平底鍋充分加熱芝麻油，立刻倒入❷拌勻，30分鐘後即可享用。約可存放冷藏5天。

蕪菁

既適合生吃，也能夠煮熟，葉子亦可加以利用

關於蕪菁

蕪菁可生吃，也可煮熟享用。我原本認為，蕪菁頂多就是味噌湯裡的食材，完全不知品嘗起來是什麼味道。但在開始一人生活的時候，為了吃掉一把的蕪菁，嘗試了多種方法，我記得那時候有用蒸、炒、烤、炸等各種的烹調方式，會使蕪菁的風味完全不同。料理方法也瞬間變得多樣。

冬天的蕪菁一樣能長得又大又漂亮，可以做成滷物，磨泥放入火鍋，或是做成蕪菁羹湯。冬天能生吃的蔬菜不多，如果切了不少蕪菁，可以做成漬物，或是柿子風味及金桔風味沙拉，都能充分享受蕪菁的新鮮風味。初春時的蕪菁偏軟，且較為小顆，因此非常適合用來快炒或油炸。

葉子亦可活用

我家附近的直銷所也售有各式各樣的蕪菁。除了一般常見的白蕪菁外，還有紅蕪菁、紫蕪菁，以及靠近葉子處呈淡紫色的彩芽雪蕪菁等，顏色既鮮豔，又漂亮的蕪菁。帶色的蕪菁適合生吃。紅蕪菁與紫蕪菁切開之後，裡頭會是白色的，以鹽搓揉後，表皮的顏色就會滲出，使整體呈現淡淡的紅色或紫色。

彩芽雪蕪菁

帶葉蕪菁可將葉子與蕪菁一同浸在滷汁入味，或單獨汆燙葉子，做為滷物的綠色點綴。

和蘿蔔葉一樣，切成碎末後，與醬油柴魚片、魩仔魚等一起加油拌炒，就能成為下飯的配菜。亦可汆燙後加鹽搓揉，接著拌入剛煮好的白飯中，做成菜飯。與橄欖油、大蒜、鹽一起放入調理機中打碎，做成蕪菁葉醬，還能佐上蒸馬鈴薯或拌入義大利麵中品嘗，充分利用食材。

小蕪菁做成天婦羅

若蕪菁的尺寸較小，可以先用來做成天婦羅。小顆蕪菁的油炸難度較低，我常會做來當成配酒菜。帶葉一起下鍋油炸的話，會立刻看出炸的是蕪菁，但若只炸蕪菁果實的部分，則較難立刻察覺。品嘗起來既甜，口感又充滿變化，可說相當有趣。

小蕪菁天婦羅

取 6 顆小蕪菁，如果有鬚根要先切除，接著切掉葉子末端，連皮充分洗淨，拭乾水分。於料理盆放入各 1 又 1/2 大匙的麵粉、太白粉，加入 2 大匙左右的水使粉融化，調成較為濃稠的麵衣。調配時，須視情況加水。將炸油加熱至 170℃，小蕪菁沾裹麵衣後，輕輕放入油鍋，油炸至麵衣酥脆。盛盤之後，佐上些許的鹽。

二月×日

蕪菁炒小卷

鄰近我家的漁港經常捕撈到花枝，這也增加了配菜中出現蔬菜滷花枝或蔬菜炒花枝的機會。蕪菁炒過會變更甜，切太薄的話，炒到最後反而會看不出形狀，因此炒的時候要帶點厚度。

二月×日

蕪菁葉義大利麵

我很享受蕪菁葉那爽脆的口感。除了梅乾外，還能與鯷魚、酸豆、橄欖等味道較重的食材相搭配，做成一道就算只有蕪菁葉，也能充分感到滿足的義大利麵。當然還可以用蛤蠣、魩仔魚、培根等食材增添料理份量。

蕪菁葉義大利麵

蕪菁炒小卷

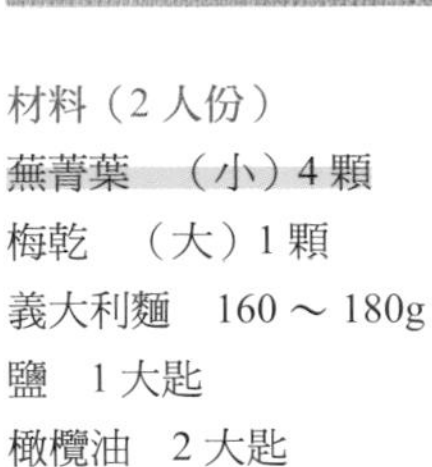

材料（2 人份）

蕪菁葉　（小）4 顆
梅乾　（大）1 顆
義大利麵　160 ～ 180g
鹽　1 大匙
橄欖油　2 大匙

做法

❶ 蕪菁葉切成小塊。梅乾去籽後，剁碎果肉。

❷ 於鍋中煮沸熱水，加鹽，汆燙義大利麵。

❸ 將橄欖油倒入平底鍋加熱，慢火翻炒蕪菁葉。葉子變軟後，再加入梅乾拌勻。義大利麵燙熟後，瀝乾熱水，加入拌炒。

材料（2 ～ 3 人份）

蕪菁
（小）4 顆（280g）
小卷　1 隻
鹽　2 撮
胡椒　少許
橄欖油　1 大匙

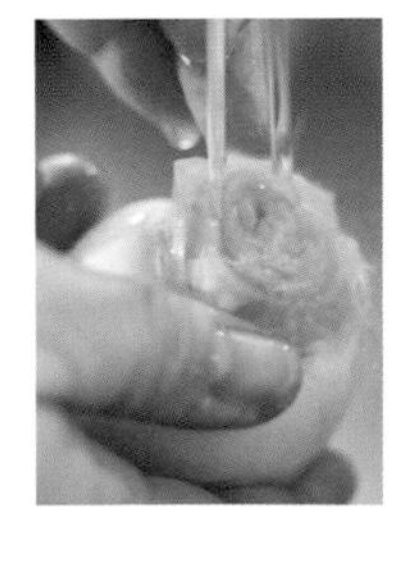

做法

❶ 保留 1cm 左右的蕪菁葉，其餘切除（葉片可用來做義大利麵），放在水龍頭下，以竹籤挑出葉子裡頭的髒污（如圖）。連皮切成 1cm 厚的圓塊。

❷ 去除小卷軟骨，將小卷觸腳連同內臟一起拉出。身體部分則是連皮切成 1.5cm 寬的圈狀。將每 1 ～ 2 隻觸腳分切開來。

❸ 於平底鍋倒入橄欖油加熱，擺入蕪菁，熱煎兩面。整體變透亮，且帶點顏色後，再加入小卷拌炒，當小卷變色、變熟後，即可撒鹽、胡椒。

二月×日

鱈魚卵拌蕪菁

這是道會讓人想喝酒的菜餚。我很喜歡蕪菁的白與鱈魚卵的粉紅組合。食譜中雖然是以檸檬及橄欖油做成清爽風味，但也可加入紅辣椒、豆瓣醬及大蒜，做成泡菜風味，或是加入鮮奶油、酸奶油，讓口感變得濃郁，同樣都是很好配酒的料理。

鱈魚卵拌蕪菁

材料（2～3人份）
蕪菁　2顆（200g）
鱈魚卵（去除薄膜）　2大匙
鹽　1/3小匙
檸檬汁　少許
橄欖油　1大匙

做法
❶　切掉蕪菁葉，削皮後，縱切成薄片。撒鹽拌勻，靜置片刻。
❷　擠掉蕪菁的汁液，放入料理盆，加入鱈魚卵、橄欖油拌勻，最後混入檸檬汁。

二月×日

蕪菁海帶芽佐魩仔魚沙拉

這道是用我家冰箱裡的材料就能完成的沙拉。蕪菁撒鹽後，保留水分，無須擠掉，用蔬菜的出汁來替代淋醬。若沒有海帶芽，還可搭配海苔或芝麻。若沒有能增加味道的魩仔魚，則可改派梅乾、竹輪或火腿登場。若真的什麼都沒有，也是可以只

蕪菁海帶芽佐魩仔魚沙拉

材料（2～3人份）
蕪菁　3顆（300g）
蕪菁葉（粗葉部分）　1顆
芹菜　（小）1根
海帶芽（泡開）　80g*
魩仔魚　2大匙
鹽　1/2小匙
A｜橄欖油　1大匙
　｜醬油　1小匙

＊鹽藏海帶芽則是取40～50g，稍微水洗泡開。

做法
❶　蕪菁連皮切成12等分的半月條形。蕪菁葉切成1cm長。芹菜去絲後，切成4cm長，接著縱切成薄片。芹菜葉則是橫切成細絲。將所有食材撒鹽混合，靜置片刻。
❷　海帶芽排整齊，切成容易入口的長度。
❸　瀝掉❶的水分，放入料理盆，加入❷、魩仔魚混合，接著加入A拌勻。

用蕪菁做成一道充滿檸檬風味的沙拉。我還很喜歡與金桔、葡萄柚等柑橘類相搭，或是與柿子、柿乾一起做成沙拉。然而，先生不太喜歡將水果入菜，因此先生不在家時，我都會加大料理份量上桌。在女生的聚會裡，拌入水果的沙拉可是相當受到好評。

二月×日

滷蕪菁油豆腐

在根菜類中，蕪菁算是很快熟的蔬菜。做成滷物的話，一下子就能完成。除了能與肉類搭配外，還可以和花枝、蝦子、蛤蠣等海鮮，或是魚漿製品、油豆腐、豆皮一起燉滷。用鹽或淡味醬油燉滷時，能充分展現出蕪菁的白，若是改用一般醬油，則能將蕪菁染成充滿亮澤的醬油色，令人食慾大振。

滷蕪菁油豆腐

材料（3～4人份）
蕪菁　5顆（500g）
油豆腐　1片（260g）
高湯　2杯
砂糖　2小匙
淡味醬油　2大匙

做法

❶　切掉蕪菁葉，削皮，縱切成半（圖a）。油豆腐則切成一口大小的三角形。

❷　將❶放入鍋中，加入高湯與砂糖，開火加熱。鋪上防溢料理紙（圖b），以較弱的中火將蕪菁煮軟。

❸　加入淡味醬油，繼續燉煮5～6分鐘使其入味。

a

b

汆燙去澀後使用

菠菜

十一月×日

奶油燉菠菜

先汆燙去澀，讓菠菜變得更容易品嘗後，再與醬汁搭配。即使是一大把300g的菠菜，汆燙後就會瞬間縮水，因此不妨多汆燙點菠菜。靠近菠菜根的紅色部分帶有甜味，各位若不排斥，亦可保留該部分食用。無論是葉厚或顏色表現，露地栽培與溫室栽培而成的菠菜皆不同。露地栽培的菠菜葉雖然較硬，但加熱變熟後，就會帶出甜味。

奶油燉菠菜

材料（1個20×25cm、高5cm的耐熱容器容量）

- 菠菜　1把（300g）
- 馬鈴薯　2顆
- 水煮蛋　2顆
- 白醬
  - 洋蔥（切片）　1/2顆
  - 奶油　3大匙
  - 麵粉　2大匙
  - 牛乳　2杯
  - 鹽　1/2小匙
- 帕瑪森起司（磨泥）　2～3大匙

做法

❶ 菠菜用熱水汆燙出漂亮的顏色，浸水降溫。擠掉水分，切成4cm長。

❷ 馬鈴薯切成一口大小後汆燙，變軟後，倒掉熱湯，搖晃鍋子，做成粉吹芋馬鈴薯。將水煮蛋縱切成4塊。

❸ 製作白醬。將奶油放入平底鍋以小火加熱融化，翻炒洋蔥，直到洋蔥變透亮，撒入麵粉，繼續慢炒。逐次少量加入牛奶，邊攪拌邊讓食材化開。加完所有牛奶後，將湯汁煮收到呈濃稠狀，加鹽調味。

❹ 將菠菜鋪在耐熱容器中，撒入馬鈴薯、水煮蛋（圖a）。倒入❸的白醬，蓋住所有食材（圖b）。撒入帕瑪森起司，放入預熱250℃的烤箱，烘烤15～20分鐘，烤至焦脆帶色。

a

b

小松菜

不帶澀味，無須汆燙就能使用

十一月×日

小松菜炒竹輪

這是當我想要多一道料理時，很常炒的青菜。青菜本身很快熟，與其他食材的搭配組合多元，能和一些剩菜迅速完成烹調。竹輪本身就有鹹味，因此要稍微控制調味用量。

十月×日

切漬小松菜

信州有種漬物，名為切漬野澤菜。只要切下菜葉，直接浸漬於調味料即可完成，是口感接近淺漬的清爽漬物。我試著將野澤菜改用同為葉菜類的小松菜。出水不多時，可稍微再加點調味料，或是上下翻動，觀察醃漬情況。用京水菜或大白菜來醃漬也非常美味。

小松菜炒竹輪

材料（2 ～ 3 人份）

小松菜　1 把（300g）
竹輪　2 根
鹽　1/3 小匙
魚露　少許
米糠油　1 大匙

做法

❶　將小松菜的葉與梗分開，切成 5cm 長。竹輪縱切成 4 塊，接著長度切成 3 等分。

❷　米糠油倒入鍋中加熱，放入小松菜梗與竹輪翻炒。菜梗變軟後，撒鹽，再加入菜葉稍微拌炒。最後以魚露調味，盛盤。

切漬小松菜

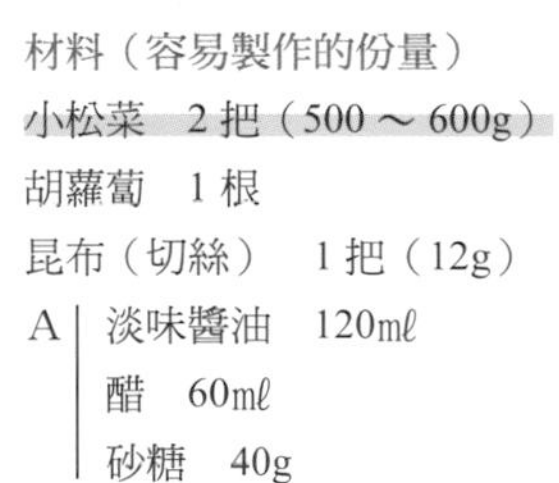

材料（容易製作的份量）

小松菜　2 把（500 ～ 600g）
胡蘿蔔　1 根
昆布（切絲）　1 把（12g）
A ｜淡味醬油　120mℓ
　｜醋　60mℓ
　｜砂糖　40g

做法

❶　將 A 倒入鍋中，煮沸後放涼備用。

❷　小松菜切成 4 ～ 5cm 長，胡蘿蔔斜切成薄片，重疊數片後，再切成細絲。

❸　將❷與昆布放入較大的料理盆，加入❶（如圖），用手稍微拌勻。

❹　接著放入保存容器中，壓上重物，放置冰箱冷藏 1 天。亦可改放塑膠袋中。入味後即可享用，可存放約 2 週。

澀味、青草味較淡，吃起來很有嚼勁的蔬菜

青江菜

十一月×日

勾芡青江菜

將菜梗與菜葉切開，先從較不容易熟的菜梗下鍋翻炒。整體變得油亮後，稍微加水混合，改用燜燒方式烹調。搭配上黑木耳爽脆的口感，以及Q彈的水煮鵪鶉蛋，最後再將食材勾芡。勾芡後，既可做成配飯菜餚，另也非常適合澆淋在煎到有點帶焦炒麵上。炒菜要使用較大的鍋子。葉菜類蔬菜的體積較龐大，有時會掉出平底鍋，改用鍋子料理的話，就比較不用擔心這樣的情況發生。

勾芡青江菜

材料（2～3人份）

青江菜　2株（400g）

黑木耳　2片（30g）

鵪鶉蛋（已汆燙）　10顆

薑（切細絲）　1瓣

A
- 雞高湯粉顆粒（中式）　1/2小匙
- 水　1/2杯
- 鹽　2撮
- 魚露、胡椒　各少許

B
- 太白粉　1/2小匙
- 水　1大匙

米糠油　1大匙

做法

❶ 將青江菜的菜與梗切開，菜梗縱切成8等分。菜葉則對半縱切。黑木耳去除蒂頭後，切成細絲。

❷ 米糠油倒入鍋中加熱，放入青江菜梗，以稍強的中火翻炒（圖a）。整體變得油亮時，蓋上鍋蓋燜燒。變軟後，放入菜葉（圖b）、黑木耳、鵪鶉蛋、薑，稍微拌炒，接著加入A。

❸ 煮滾後，倒入充分混合的B勾芡，並關火。

a

b

能享受其獨特香氣。生吃也好吃

二月×日

茼蒿花枝沙拉

當茼蒿葉皺皺的，看起來非常細嫩時，我會摘取葉片部分，做成生吃用的沙拉。可以和火腿、堅果類、白髮蔥絲組合，另外，我也非常喜歡與花枝生魚片搭配。為了不輸給茼蒿的香氣，我將淋醬做成了帶有豆瓣醬的味噌口味。摘掉葉片後的茼蒿菜梗則可汆燙並拌成芝麻風味。我也很推薦加入帕瑪森起司，或做成美乃滋風味。

茼蒿花枝沙拉

材料（2～3人份）

茼蒿　1把（150g）
花枝片（生魚片用）　160g

味噌淋醬
- 味噌（麥味噌）　1～2大匙
- 醋　1大匙
- 豆瓣醬　1/2小匙
- 米糠油　2大匙

做法

❶ 摘取茼蒿葉，浸水讓菜葉恢復翠綠（菜梗用來拌芝麻）。
❷ 花枝去皮、切開，縱切成細條狀。
❸ 先混合油以外的淋醬材料，接著再加入米糠油，充分拌勻。
❹ 瀝乾茼蒿水分，與花枝一起盛盤，澆淋❸。

贈上小菜　芝麻拌茼蒿梗

材料（2～3人份）
茼蒿菜梗　1把
A
- 白芝麻　1大匙
- 砂糖　1又1/2小匙
- 醬油　1小匙

做法
❶ 以熱水將茼蒿梗汆燙變軟，浸水降溫。瀝乾水分，切成3～4cm長。
❷ 用研磨缽稍微磨碎A的芝麻，加入剩餘的A材料混合，接著加入❶拌勻。

二月×日

蒜香炒花椰

材料（2～3人份）

寶塔花椰菜＊　1/3顆（200g）

大蒜　1瓣

鹽　2撮

橄欖油　2大匙

＊屬白花椰的同類。

做法

❶　將寶塔花椰菜分切成小朵，再對半縱切。大蒜對半縱切，去芽。

❷　橄欖油與大蒜倒入平底鍋加熱，飄出香氣後，擺入❶熱煎。煎的時候要保留住花椰菜形狀，整體煎出焦色後，撒鹽調味。

十二月×日

炒芥蘭

材料（2～3人份）

芥蘭＊　1把（200g）

鹽　2撮

芝麻油　1大匙

＊屬高麗菜同類，會使用花梗的部分。日文又名為チャイニーズブロッコリー（中國高麗菜）。

做法

❶　削掉芥蘭菜梗下方的皮，長度切成一半。

❷　將芝麻油倒入平底鍋加熱，先放入下半段的菜梗慢火翻炒。炒到有點帶色後，再加入剩下的芥蘭拌炒，變軟後，加鹽調味。

一月×日

紅皮蘿蔔冷盤

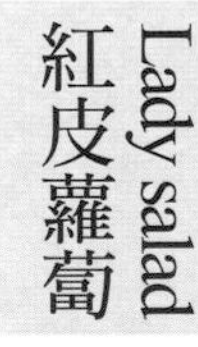

材料（2～3人份）

Lady salad 紅皮蘿蔔＊（帶葉）　1根（200g）

鹽　適量

橄欖油　2小匙

＊ Lady salad 紅皮蘿蔔是神奈川縣三浦特產，生吃用的小尺寸白蘿蔔。外皮為紅色，中間為白色。

做法

❶　切掉紅皮蘿蔔的葉子，切成圓薄片，較粗的部分則切成半圓形。撒1/3小匙的鹽，靜置片刻。切碎葉子，撒少許鹽，靜置片刻。

❷　將紅皮蘿蔔連同汁液一起盛盤，葉子則是擰掉水分後撒入，最後澆淋橄欖油。

九月×日

汆燙花生

材料（容易製作的份量）

花生、鹽　各適量

做法

❶　充分洗淨花生的泥土。

❷　以較大的鍋子煮滾水，加入嘗起來會讓人覺得夠鹹的鹽量，接著倒入花生，以稍弱的中火，汆燙30～40分鐘。用篩子撈起，瀝掉熱水。剝殼，趁熱享用。放冷之後同樣美味。

第3章

香氣十足的蔬菜

香菜
芝麻葉
西洋菜
韭菜
鴨兒芹
帶根鴨兒芹
嫩路蕎
水芹
嫩薑
紫蘇
蘘荷

一月×日

香菜洋蔥沙拉

擁有獨特香氣與味道的香菜讓人喜惡分明。我其實過去很長一段時間都不喜歡香菜，但是突然有一天，就開始變得很喜歡。我也不懂為何會有這樣的轉變，不過現在甚至會覺得沒放香菜就像少了什麼。一旦愛上香菜，就會忍不住拿香菜和所有的料理做搭配。做沙拉時，可摘取較柔軟的葉片使用。菜梗則可用來煮火鍋或煮湯。除了入菜外，也可和蔥、巴西里、薑、大蒜一樣，做為佐料運用。

香氣強烈的菜梗與根部也可入菜

香菜

香菜洋蔥沙拉

材料（2～3人份）

香菜（帶根）* 4株（50g）

新洋蔥（或普通洋蔥） 1顆

核桃（切粗塊） 30g

A | 醋 1大匙
  | 砂糖 2小匙

B | 檸檬汁 1/2顆
  | 砂糖、魚露 各1小匙
  | 胡椒 少許
  | 花生油 2小匙

*剩餘的菜梗與根部可做成「香菜雞肉丸火鍋」。

做法

❶ 摘取香菜葉片（如圖）。

❷ 將1/3顆的洋蔥切成細丁，與A混合備用。

❸ 剩餘的洋蔥縱切成薄片，與❶一起浸水5分鐘左右，接著瀝乾水分。

❹ 將B依序加入❷中，拌勻。

❺ 將❸盛盤，澆淋❹的淋醬後，撒入核桃。

香菜雞肉丸火鍋

這是道只有放雞肉丸與香菜的簡單火鍋。香菜除了可以拿來做佐料外，也是食材之一。我都會買個好幾把，用來煮火鍋或熱炒。連根全部切段後，再加入做沙拉時剩下的香菜根，加熱享用。

香菜雞肉丸火鍋

材料（4～5人份）

香菜（帶根）　4株（50g）

雞肉丸

- 雞絞肉　500g
- 洋蔥（切丁）（小）1顆
- 酒、砂糖　各1大匙
- 太白粉　1大匙
- 醬油　1小匙
- 鹽　1/3小匙

鹽、魚露　各1/2小匙

檸檬　1顆

做法

❶　製作雞肉丸。將所有材料放入料理盆，以手混合拌勻。

❷　切掉香菜根，將菜梗與葉片切成4cm長。

❸　將3杯水與香菜根倒入鍋中加熱。煮滾後，用湯匙將❶的雞肉餡刮撈成圓形，放入湯中烹煮約5分鐘（圖a）。肉丸煮熟後，加鹽、魚露調味，接著擺上香菜梗與葉片（圖b）。盛盤後，可依喜好擠點檸檬汁再品嘗。

a

b

芝麻葉

美味之處在於其香氣與爽勁的辛辣

五月×日 油拌芝麻菜

芝麻菜又名為火箭生菜，常見於義式料理中，因此在日本突然也變得很有人氣。芝麻菜的特徵，在於帶有如芝麻般的馥郁香氣、刺激的辛辣，以及爽口的苦味。除了能做成沙拉或配肉品嘗外，也非常推薦涼拌或翻炒料理時的點綴。

五月×日 芝麻菜泥

這是我第一次嘗試把芝麻菜做成泥。我基本上都是做巴西里葉泥，也曾使用過蕪菁葉及花椒葉，於是心想，同樣帶有苦味、辣味及強烈香氣的芝麻菜做成泥應該也會很美味。芝麻菜泥就算放置一段時間也能常保黃綠色。可冷藏存放2週左右。

油拌芝麻菜

材料（2～3人份）

芝麻葉 140g

醬油 1/2小匙

橄欖油 少許

做法

❶ 以熱水稍微汆燙芝麻菜，浸水降溫後，瀝乾水分，切成容易入口的長度。

❷ 加入醬油拌勻，靜置約5分鐘，擠掉湯汁。與橄欖油拌和後，即可盛盤。

芝麻菜泥

材料（2～3人份）

芝麻葉泥

- 芝麻葉 100g
- 米糠油（或橄欖油） 80mℓ
- 帕瑪森起司（磨粉） 20g
- 花生 15g
- 鹽 1/2小匙

白煮蛋 3顆

做法

❶ 用手撕碎芝麻菜，放入調理機中（如圖），接著再加入其他材料，攪打至變滑順，即可完成菜泥。

❷ 將水煮蛋切半，擺放適量的❶在蛋上。

※芝麻菜泥還可用來拌義大利麵，加入淋醬之中，亦可塗抹在土司上，夾入生火腿，做成三明治。

西洋菜

除生吃外，
汆燙也美味

四月×日

涼拌西洋菜

稍微汆燙後，浸水保持鮮豔，與高湯、醬油及油搭配，做成涼拌菜，爽脆的口感讓人好舒心。西洋菜汆燙太久會香氣盡失，因此須特別留意。我也很推薦將汆燙起鍋的西洋菜切碎放入味噌湯等湯品中，還可用來炒飯。在品嘗過汆燙芝麻菜，特別是菜梗的風味後，才會懂得芝麻菜的美味之處。

四月×日

西洋菜火鍋

西洋菜的風味及清爽口感與豬肉極為相搭。比起放了很多食材的火鍋，先生反而喜歡像這樣只有綠色食材及肉類的簡單組合。其中又以西洋菜火鍋最合他的胃口，除了豬肉外，先生還開出雞肉丸或鴨肉的組合菜單。若在直銷所看見裝滿一整袋的西洋菜，當天的晚餐就一定是「火鍋」了！

涼拌西洋菜

材料（2～3人份）

西洋菜　2把

A
- 高湯　1杯
- 醬油　1小匙
- 鹽　1/3小匙

做法

❶ 將芝麻菜放入熱水稍微汆燙，接著浸水降溫。擰掉水分，加入拌勻的A，靜置片刻。

❷ 稍微擰掉湯汁，切成容易入口的長度後，盛盤，澆淋剩餘的湯汁。

西洋菜火鍋

材料（2人份）

西洋菜　2把

豬肉（涮涮鍋用）　200g

滷汁
- 高湯　3杯
- 醬油、鹽　各1小匙

做法

❶ 較長的芝麻菜切成一半。

❷ 將滷汁的材料倒入鍋中煮滾，放入豬肉、芝麻菜，依自己喜好烹煮享用。

韭菜

除了能放入味噌湯，
用來炒或滷也都好吃

四月×日

韭菜蛋花湯

其實，我最喜歡的味噌湯配料是韭菜及豆皮。我完全無法抵擋韭菜與高湯的組合，再加入雞蛋的話，就成了綠中帶黃的豪華配菜。我也常常用烏龍麵或白飯，做成韭菜蛋烏龍麵或雜炊。

四月×日

浸滷韭菜

除了韭菜，若再放入金針菇增加黏稠感，品嘗時就會咕溜地滑入口中。鳴門卷魚板本身也能煮出美味高湯，把原本讓人覺得只是道副菜的浸滷料理，變成品嘗起來很有份量的主菜。韭菜買回若無法立刻使用完畢，可切成碎末，與醬油及芝麻油一起做成醬汁。

韭菜蛋花湯

材料（2～3人份）
韭菜　1把（100g）
雞蛋　2顆
高湯　1杯
鹽　1/4小匙
淡味醬油　1/2小匙

做法
❶ 韭菜切成4cm長。將蛋打散。
❷ 高湯倒入鍋中煮滾，加入韭菜，接著加鹽與淡味醬油調味。
❸ 再次煮滾後，沿著料理筷繞圓倒淋蛋液（如圖），可依自己喜歡的熟度烹煮。關火後，蓋上鍋蓋燜蒸2～3分鐘，最後盛入容器中。

浸滷韭菜

材料（2～3人份）
韭菜　2/3把（60g）
金針菇　1袋（100g）
鳴門卷魚板　15g
高湯　1又1/2杯
鹽　1/2小匙
醬油　1/2小匙

做法
❶ 韭菜切成4～5cm長。切掉金針菇底部，接著將長度切半。魚板斜切成薄片。
❷ 高湯倒入鍋中加熱，加鹽與醬油調味，煮滾後，放入魚板稍微烹煮。接著加入韭菜與金針菇，煮到滾沸冒泡，關火、放涼。

日本的香草竟然還蠻有存在感的 鴨兒芹、帶根鴨兒芹

四月×日

鴨兒芹沙拉

淡淡的顏色看起來就很清爽，這是道我在初春到初夏季節會做的沙拉。葡萄柚的微苦滋味搭配上鴨兒芹的香氣，是會讓人上癮的組合。鴨兒芹除了能用來做為佐料，我也經常汆燙後涼拌，或是做成拌物。獨特的香氣能為菜餚帶來點綴。

帶根鴨兒芹

一月×日

金平帶根鴨兒芹

正如帶根鴨兒芹之名，這種鴨兒芹的根部非常挺拔。只要連根充分洗淨，就是美味的食材。鴨兒芹根部的香氣與風味更勝菜梗與菜葉。對於喜愛鴨兒芹的人而言，可是最令人無法抵抗的部分。由於根部較硬，我選擇切成細絲後，與油充分拌炒，做成甜辣風味的金平料理。

鴨兒芹沙拉

材料（2～3人份）

鴨兒芹　1把（淨重70g）

葡萄柚　1/2顆

A
- 鹽　2撮
- 胡椒　少許
- 橄欖油　1大匙

做法

❶ 切掉鴨兒芹的根部，用熱水稍微汆燙，以濾網撈起，放涼。稍微擠掉水分，切成3～4cm長。

❷ 葡萄柚剝皮，去除薄膜，將果肉切成一口大小。

❸ 將A放入料理盆混合，加入❶、❷拌勻。

金平帶根鴨兒芹

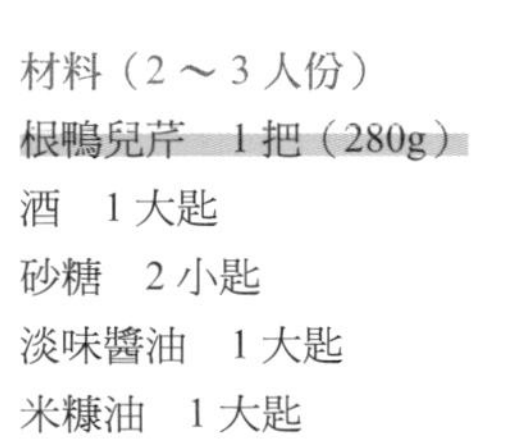

材料（2～3人份）

根鴨兒芹　1把（280g）

酒　1大匙

砂糖　2小匙

淡味醬油　1大匙

米糠油　1大匙

做法

❶ 將帶根鴨兒芹的根、莖、葉分切開來，根部充分洗淨。切掉根部末端，接著縱切成4～6等分。莖與葉的部分則切成5cm長。

❷ 米糠油倒入平底鍋加熱，放入根部充分拌炒。變軟後，加入酒與砂糖，繼續翻炒，接著放入莖與葉，稍微炒過後，倒入淡味醬油炒拌均勻。

嫩蕗蕎

會讓人上癮的強烈辛辣味

四月×日

柴魚風味蕗蕎絲

辛辣味強勁的嫩蕗蕎與醬油柴魚結合後，味道會變得柔和。若再拌入蛋黃，能更加淡化辣味，用來做為下酒菜再適合不過了。我也常會切絲用來包入海苔品嘗，或是做為手捲壽司的餡料。

柴魚風味蕗蕎絲

材料（2～3人份）
嫩蕗蕎　4～5顆（正味40g）
柴魚片　1包
鹽　少許
橄欖油（或芝麻油）　適量

做法
❶　切除嫩蕗蕎的葉片，接著縱切成薄片。
❷　與柴魚片混合，盛裝於器皿後，撒鹽，澆淋橄欖油。

四月×日

蕗蕎佐納豆

我將嫩蕗蕎切成碎末，用來取代佐料的蔥。蕗蕎的香氣與辛辣程度都比蔥更為強烈，似乎也稍微壓過納豆的味道。拌入蛋黃或花枝生魚片亦是美味。嫩蕗蕎碎末更是半烤鰹魚不可或缺的佐料。

蕗蕎佐納豆

材料（2～3人份）
嫩蕗蕎　4～5顆（淨重40g）
納豆　2盒
醬油　適量

做法
❶　切除嫩蕗蕎的葉片，接著切成小塊。
❷　將納豆、❶放入器皿中，澆淋醬油，充分拌勻。

四月×日

鹽漬嫩蕗蕎

嫩蕗蕎其實就是較早收成，生吃用的蕗蕎。所以其實和蕗蕎同為一物。鹽漬過後亦是美味。嫩蕗蕎的嗆辣風味可是相當下酒的小菜。各位可依自己的喜好，選擇淺漬，享受爽脆的口感，或是充分鹽漬變軟後，品嘗柔和的辣味。

四月×日

蕗蕎葉天婦羅

用蕗蕎做料理時，只會使用白色的部分，雖然心想很浪費，但還是把蕗蕎葉給丟了。雖然有試著切碎，甚至直接生啃，但口感太硬，實在不怎麼美味。不過，自從得知蕗蕎葉可以拿來炸天婦羅後，我就不曾丟棄葉片，徹底享受蕗蕎的所有美味。

蕗蕎葉天婦羅

材料（2～3人份）

嫩蕗蕎的葉子＊　1把分

麵衣

- 麵粉　1杯
- 冷水　稍少於1杯

麵粉　少許

炸油　適量

鹽　少許

＊使用春天較嫩的蕗蕎葉。

做法

❶　切掉嫩蕗蕎葉的末端，一條條地打結（如圖），放入料理盆，撒裹麵粉。

❷　麵粉倒入冷水中，大致混拌，製作麵衣。

❸　將❶放入❷中，沾裹麵衣，接著放入180℃的炸油，油炸至麵衣酥脆。瀝乾油分，盛盤後，佐鹽品嘗。

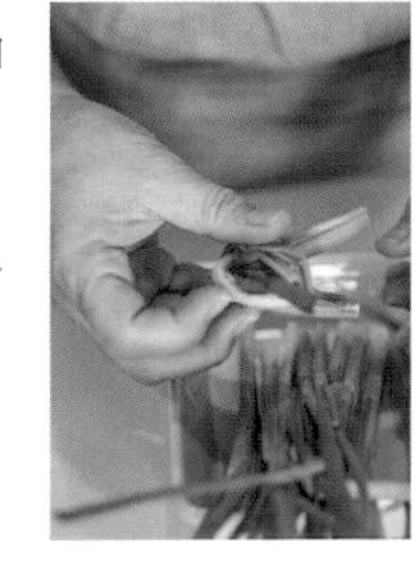

鹽漬嫩蕗蕎

材料（2～3人份）

嫩蕗蕎　1把（約120g）

鹽　1/4小匙

味噌　酌量

做法

❶　切掉嫩蕗蕎的葉片，並稍微切除根部末端。

❷　將❶與鹽放入塑膠袋，輕輕混合，放置30分鐘直到變軟。

❸　鹽漬嫩蕗蕎本身的味道清淡，因此可依喜好佐上味噌，沾取享用。

四月×日

鱿魚炒水芹

材料（2～3人份）
水芹　30g
魷魚　1隻（300g）
鹽　少許
橄欖油　1大匙

做法

❶ 水芹梗切小塊，葉片稍微切碎。拉出魷魚的足部與內臟，將內臟切成3～4等分。身體切成2cm寬的圈狀。將每1～2隻足部分切開來，並切成容易入口的長度。

❷ 將魷魚與橄欖油倒入平底鍋拌炒。撒鹽，變色後，再加入水芹梗稍微翻炒，盛盤。於上方擺放水芹葉。

六月×日

薑味花枝

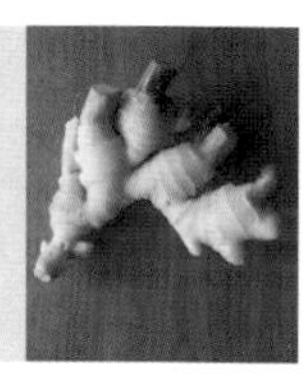

材料（2～3人份）
嫩薑　2瓣
花枝片（生魚片用）*　160g
醬油、橄欖油　各適量
*花枝可切成細絲或麵條狀。

做法

❶ 去除花枝身體的皮膜，切成細絲。

❷ 薑削皮，切成細絲。浸水5分鐘，使其變爽脆，以濾網撈起，瀝乾水分。

❸ 將❶盛裝於器皿，擺上❷，澆淋醬油、橄欖油，拌勻品嘗。

三月×日

香味蔬菜天婦羅

材料（各3顆）
水芹　3～4支
蘘荷　2顆
青紫蘇　10片
小沙丁魚乾　稍少於1杯
麵粉　2大匙
麵衣｜冷水、麵粉　各6大匙
炸油　適量
鹽　少許

做法

❶ 水芹切成2cm長。蘘荷對半縱切，再縱切成薄片。青紫蘇則是切成1cm的方形。

❷ 小沙丁魚乾撒裹麵粉，分成9等分。

❸ 把麵粉加入冷水中，稍微混拌，做成麵衣。

❹ 將每種食材分批下鍋油炸。在3個小容器中放入各1種蔬菜與❷，接著再加入各1匙❸的麵衣，稍微混拌。放入170℃的炸油中，麵衣凝固後，翻面並油炸1～2分鐘。剩餘2種蔬菜也以相同方式油炸。

❺ 將❹盛裝於器皿，佐鹽品嘗。

第4章

可隨手取得的蔬菜

萵苣
蘿蔓生菜
芽菜
豆芽菜

萵苣

除了做成沙拉，
亦推薦加熱品嘗

一月×日

萵苣佐魚酥

保留整顆完整的萵苣，讓葉片重疊，切成半月條形。可直接用手拿取品嘗，因此擺盤時，無須拆開葉片。

萵苣佐魚酥

材料（2～3人份）

萵苣　1顆（500g）
魩仔魚　1/2杯
新洋蔥（或普通洋蔥）　1/4顆
西洋菜　50g
A　醋　1大匙
　砂糖　2小匙
　鹽　1/4小匙
米糠油　1大匙

做法

❶　將新洋蔥切成細丁，與A混合備用。
❷　挖掉萵苣菜心，縱切成8等分。水芹則是摘取葉片使用。
❸　將米糠油倒入平底鍋加熱，放入魩仔魚，炒至酥脆。
❹　於器皿擺放萵苣，澆淋❶，擺上水芹，最後再將❸的魩仔魚連油澆下。

五月×日

萵苣捲

萵苣除了能做成沙拉生吃外，我也很喜歡汆燙加熱品嘗。加熱過的萵苣完全不同於生萵苣，扎實的口感充滿餘韻，於是我試著改用萵苣做高麗菜捲。萵苣葉很薄，建議可重疊數片包裹肉餡。使用較硬的外葉不僅風味佳，也更容易包捲。

萵苣捲

材料（4顆／2人份）

萵苣葉　（大）8片

A｜豬絞肉　200g
　｜洋蔥　1/4顆
　｜太白粉　1小匙
　｜鹽　1/4小匙
　｜胡椒　少許

高湯　適量

薑（切細絲）　1瓣

醬油　1小匙

做法

❶ 用熱水稍微汆燙萵苣，以濾網撈起，放涼。

❷ 洋蔥切成粗丁，與其他的A材料放入料理盆，充分攪拌直到變黏。

❸ 取2片萵苣鋪平，在較靠近自己的位置，擺放1/4份量的❷（圖a），往前裹一圈後，將左右兩邊內摺並整個捲起。捲完的部分朝下擺放。以相同方式完成4捲。

❹ 將❸捲完的部分朝下排入鍋內，不可有間隙，加入高湯，無須整個蓋過萵苣捲，蓋上鍋蓋，以較弱的中火烹煮20分鐘左右（圖b）。加入薑與醬油，繼續烹煮5分鐘。切成容易入口的大小後即可盛盤。

a

b

蘿蔓生菜

口感十足的一種萵苣

炒蘿蔓生菜

一月×日

蘿蔓生菜就算加熱還是能保留爽脆口感，相當有嚼勁。也是火鍋料理非常重要的食材。若使用顏色較深的外葉製作須加熱的料理，將能讓顏色更加鮮豔。

炒蘿蔓生菜

材料（2～3人份）

蘿蔓生菜（外葉）　250g
豬肉（薑汁燒肉用）　80g
鹽　1/4小匙
淡味醬油　1/2小匙

做法

❶　將蘿蔓生菜切成5cm寬。豬肉切成細條後，加鹽混合。
❷　平底鍋直接加熱，無須倒油，放入豬肉翻炒。豬肉變色後，再加入蘿蔓生菜拌炒（圖a）。炒軟後（圖b），繞圓澆淋淡味醬油並拌勻。
❸　留下湯汁，撈起食材。將平底鍋裡的湯汁烹煮1～2分鐘收乾後，澆淋在食材上。

a

b

蘿蔓生菜沙拉

一月×日

做沙拉時，要使用內側較軟的菜葉。在船形的葉片上擺放酥脆培根，澆淋醬汁，直接手拿，從邊緣入口享用。與其用筷子或叉子，這樣的吃法會更方便。

蘿蔓生菜沙拉

材料（2～3人份）

蘿蔓生菜（內葉）　（小）1/2株
培根（厚片）　2片（60g）
大蒜（切片）　1瓣
帕瑪森起司（磨泥）　5g
淋醬
美乃滋　1又1/2大匙
醬油　1/4小匙
橄欖油　2大匙

做法

❶　一片片剝開蘿蔓生菜。
❷　培根切成3cm長，接著切成5mm條狀。
❸　平底鍋加熱，無須倒油，放入培根與大蒜拌炒。培根煎至焦脆，取出並吸油。
❹　將❶擺放於器皿，撒入❸、帕瑪森起司，澆淋充分拌勻的醬汁。

芽菜

做為主角 盡情發揮運用吧

嫩芽菜

豆苗

十一月×日

嫩芽菜壽司

將嫩芽菜澆淋熱水後，能去除辣味，變得更容易品嘗。可用昆布裹住嫩芽菜，做成昆布締，亦可擺放於軍艦壽司上，做成蔬菜壽司。使得原本存在感很薄弱的嫩芽菜經料理後，也能成為主角。

十一月×日

甜酒味噌拌豆苗

稍微汆燙豆苗後，做成味噌風味的拌菜。加點甜酒提味的話，那淡淡的甜味能柔順地包覆住豆苗的生味。切取豆苗後，再將根部浸水，就能夠重新長出新芽，可說是CP值非常高的蔬菜。還可用剪刀剪下收成，做為味噌湯裡的綠色點綴。

嫩芽菜壽司

材料（6顆）

嫩芽菜　1包
白飯（現煮）　1杯（350g）
A｜砂糖、醋　各1大匙
　｜鹽　1/4小匙
海苔（整片）　1片
鵪鶉蛋黃　6顆
柴魚片　適量
醬油　少許

做法

❶　切掉嫩芽菜根部末端，用熱水稍微汆燙，以濾網撈起，放涼。擠掉水分，切成6等分。
❷　混合A，加入白飯，稍微混拌，使其降溫。將海苔切成6等分的細長條狀。
❸　將❷的壽司飯分成6等分握捏，周圍以海苔圍住。將嫩芽菜順著壽司的形狀凹摺擺放，接著放上鵪鶉蛋黃，撒入柴魚片，最後澆淋醬油即可享用。

甜酒味噌拌豆苗

材料（2～3人份）

豆苗　1包
甘酒、味噌　各1小匙

做法

❶　切掉豆苗根部，用熱水稍微汆燙，以濾網撈起，放涼。切成容易入口的長度，擠掉水分。
❷　將甜酒與味噌充分混合，加入❶拌勻。

豆芽菜

無論是做主角還是當配角，實力堅強，能廣泛運用

豆芽菜

大豆芽菜

二月×日

韓式豆芽拌菜

我平常並不是很喜歡用微波爐烹調，但豆芽菜卻是例外。比起汆燙，微波反而更能保留住豆芽菜的水分，調味也較容易入味。要摘掉豆芽菜根鬚雖然有點費時，但這樣會使口感整個變好，請各位務必嘗試看看。

二月×日

中式豆芽菜沙拉

這是用清淡的豆芽菜，搭配重口味榨菜所做成的沙拉。雖然也可搭配火腿或叉燒，但其實榨菜本身就能讓口感表現十足，成為一道非常下飯的料理。

韓式豆芽拌菜

材料（2～3人份）

豆芽菜　1袋（200g）

A
- 大蒜（磨泥）　1/4小匙
- 鹽　1/4小匙～1/3
- 芝麻油　1/2小匙

做法

❶ 摘掉豆芽菜根鬚，放入耐熱器皿中，蓋上保鮮膜，微波3分鐘（500W）。

❷ 瀝掉豆芽菜的水分，依序加入A，用手拌匀（如圖）。

中式豆芽菜沙拉

材料（2～3人份）

豆芽菜　1袋（200g）

榨菜（已調味）　15g

白芝麻　1小匙

A
- 淡味醬油、醋　各1小匙
- 鹽、胡椒　各少許
- 米糠油　2小匙

做法

❶ 摘掉豆芽菜根鬚，放入耐熱器皿中，蓋上保鮮膜，微波3分鐘（500W）。瀝掉豆芽菜的水分，依序加入A，以手拌匀。

❷ 榨菜切絲。

❸ 將❷、白芝麻加入❶中，充分拌匀。

十月×日

豆芽菜煎餅

放入整袋的豆芽菜，用比平常煎大阪燒時更少的麵糊量，就能保留住豆芽菜的爽脆口感。無須倒油，先排入豬肉，用肉的油脂來煎麵糊，最後搭配薑蒜，充滿香味與嗆味的醬汁享用。

十月×日

豆芽菜飯

黃豆芽菜的主角是豆子，銀芽的部分雖然較細，卻比普通的豆芽菜稍微長一些，似乎想默默地展現存在感。活用豆子既有風味，放入飯中炊煮的話，一顆顆冒出頭的豆子口感極佳，其後，銀芽的柔軟風味也會在口中擴散開來。

豆芽菜飯

豆芽菜煎餅

豆芽菜飯

材料（3～4人份）

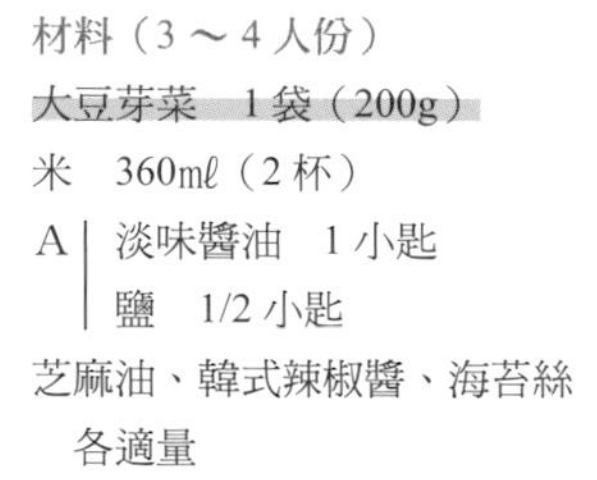

大豆芽菜　1袋（200g）

米　360mℓ（2杯）

A | 淡味醬油　1小匙
  | 鹽　1/2小匙

芝麻油、韓式辣椒醬、海苔絲　各適量

做法

❶　洗米，以濾網撈起，靜置30分鐘。摘掉黃豆芽菜的根鬚。

❷　將米倒入電子鍋，加水至2杯米的刻線處。混合A，擺上黃豆芽菜（如圖），以平常的方式炊煮。

❸　煮好後，繞圓澆淋芝麻油，稍微拌勻後盛盤。佐上韓式辣椒醬，擺上海苔絲。依個人喜好拌入韓式辣椒醬品嘗。

豆芽菜煎餅

材料（直徑20cm2片）

豆芽菜　1袋（200g）

麵糊

| 麵粉、太白粉　各4大匙
| 雞蛋　1顆
| 高湯　1/4杯
| 鹽　2撮

肩里肌豬肉（切片）　200g

鹽、胡椒　各少許

醬料

| 大蒜、薑（分別切末）　各少許
| 芝麻粉（白）　1大匙
| 醬油　1大匙
| 砂糖、醋　各2小匙
| 一味辣椒粉　少許

做法

❶　摘掉豆芽菜根鬚。

❷　混合麵粉與太白粉。於料理盆打散雞蛋，加入高湯、鹽混合，接著加入粉類混合後，放入豆芽菜，稍微混拌（圖a）。

❸　將豬肉撒鹽、胡椒。

❹　分2次煎餅。將一半的豬肉排入平底鍋（直徑20cm）中，倒入一半❷的麵糊鋪平（圖b），熱煎7～8分鐘。底部煎好後，翻面，繼續熱煎5分鐘左右，煎出顏色。剩餘的食材也以相同方式料理。

❺　切成容易入口的大小，佐上拌勻的醬汁，即可沾取醬汁享用。

a

b

PROFILE

飛田和緒

1964年出生於日本東京。高中三年在長野縣度過，目前和先生與女兒住在神奈川縣的臨海小鎮。從日常生活中發想而來，使用身邊隨手可得食材做成的料理食譜非常受歡迎。本書從2015年2月起開始拍攝，集結了使用當季蔬菜，是本以蔬菜為主角的食譜。著有《飛田和緒的四季便當（飛田和緒の朝にらくする春夏秋冬のお弁当）》（NHK出版）等多本著作。

TITLE

飛田和緒 蔬食料理實驗室

STAFF

出版　瑞昇文化事業股份有限公司
作者　飛田和緒
譯者　蔡婷朱

總編輯　郭湘齡
文字編輯　徐承義　蔣詩綺　李冠緯
美術編輯　謝彥如
排版　曾兆珩
製版　明宏彩色照相製版股份有限公司
印刷　龍岡數位文化股份有限公司

法律顧問　經兆國際法律事務所　黃沛聲律師

戶名　瑞昇文化事業股份有限公司
劃撥帳號　19598343
地址　新北市中和區景平路464巷2弄1-4號
電話　(02)2945-3191
傳真　(02)2945-3190
網址　www.rising-books.com.tw
Mail　deepblue@rising-books.com.tw

初版日期　2019年8月
定價　380元

ORIGINAL JAPANESE EDITION STAFF

ブックデザイン　佐藤芳孝（サトズ）
撮影　吉田篤史
スタイリング　久保原惠理
校正　今西文子（ケイズオフィス）
編集　相沢ひろみ
佐野朋弘（ＮＨＫ出版）
編集協力　前田順子
大久保あゆみ

國家圖書館出版品預行編目資料

飛田和緒蔬食料理實驗室 / 飛田和緒作
; 蔡婷朱譯. -- 初版. -- 新北市 : 瑞昇文化, 2019.08
144面 ;18.2X25.7公分
譯自 : シンプルがおいしい飛田さんの野菜レシピ
ISBN 978-986-401-363-0(平裝)
1.蔬菜食譜
427.3　108011570